JN085117

難関大入試数学

# 数列の難問と
# その周辺

栗田哲也　著

## 本書の利用法

本書は 2015 年度に私が雑誌「大学への数学」に連載した雑誌記事をもとに，若干の加筆を施してまとめた参考書です．

利用方法というものは人によって違うものです．一つの本にも様々な側面がありますし，同じことが書かれていても読者の知りたいテーマ，レベルなど，様々な要素によって読み方は変わってくるでしょう．そこで，以下に簡単な手引きをしておきます．

### 1. まずは数列分野の標準問題は解けるようになってから

本書は高校の「数列」に特化した参考書ですが，大学入試のやや難しめの問題に照準を合わせたために，標準的な問題（基本的な数列の一般項や和，漸化式のパターン的な解き方，数学的帰納法の標準的な問題）は取り扱っていません．

したがって，まずは教科書のレベル，一般大学の入試の標準レベルが解けるようになってからお使いになることをお勧めします．

### 2. 対象となる方は

① 高校 1，2 年生で数学には自信があり，数列の基礎は一応できたと思っている方で，数列分野の難問に挑戦してみたい方

本書の問題はほとんどが難関大学が出題した問題の中でも難しめの問題，さらには，SLP といって，世界数学オリンピックの候補問題からとってあるような問題もあります．

高校 1，2 年生は，まだ受験には間がありますし，難しい問題に自力で挑戦するチャンスの時期と思います．

こうした方は，どんどんと解いては，どんどんと解説を読んでいけば自然と実力がついてきます．

② 難関大学を受験する受験生の方（特に仕上げの時期）

数列は「融合問題」として難関校ではいろいろなところに顔を出します．したがって微積分とともに，最後にまとめをするときには適した素材です．ただ，その場合，本書は問題数は多いので，すべてをやるのではなく，気になったタイプの問題を解いては解説を見るといった「つまみ食い」でよいと思います．

③ 指導者の方

本書は数列の問題を，テーマ別に掘り下げています．珠玉の問題を集めたつもりですので，いろいろなタイプの問題を知り，興味深い問題を実力のある生徒さんに紹介されたい方にも適しているのではないでしょうか．

本書で用いる記号について：
＝…＝　単純計算の省略
⇨注　初心者のための注意事項．
⇨注　すべての人のための注意事項．
➡注　意欲的な人のための注意事項．

2

# 大学への数学

## 難関大入試数学・数列の難問とその周辺

▶栗田 哲也 著◀

# CONTENTS

# §0 「はじめに」と「イントロ」を兼ねて

　個人的な感慨で恐縮だが，数学は芸術などと同じように，「どこかで出会い」「どこかで目覚める」学問と思う．実際，好きであれば，いつでも考えていられるが，魅力を感じないものを四六時中考えねばならなかったら，これは苦痛以外の何物でもない．

　まあ，学校のカリキュラムで学期ごとに嫌な教科の得点もかせがねばならず，やむなくコツコツと勉学をしている人にとっては，上記はぜいたくな理想なのだが，それでも私は上の論は，かなりの真実性を有すると思っている．

　では，数学が「好き」になる契機は何か？

　以前の教師生活で数学ができる人，得意な人をかなりの数見てきたが，その中でも数学を苦痛に感じずいつでも考えているような人は，どこかで数学の「不思議」に目覚めた人であったような気がする．彼らは少しくらいの困難や難しさにはめげずに，考えぬいた末，数学ができるようになっていくのである．

　とすれば，数学の指導者や参考書の役割はなんであろう？

　体系を記し，かみくだいてやさしく教えることも，成程必要だろうと思う．大学受験の必要上，効率よく各分野を網羅し，適切な解法を記す書物も必要だろう．

　だが，その他に，読者に不思議な問題（多くは難しい）を呈示し，本質的だが「うーん，こんな考え方もあるのかあ」とうなる物の見方を呈示して，数学を考えることが好きになってもらう本も必要ではないだろうか．

　そうした本は巷には少ない．「数学を好きにします」とうたう本の多くは，いわばベビーフードを与えて，好き嫌いをなくしましょう，というタイプである．

　本書は，そういう親切な本とは異なって，はじめから，面白くて不思議だが，挑発的なまでに難しい問題を，大学受験や SLP（数学オリンピック世界大会の問題候補）の数列分野から選んで，それに解説を加えた本である．

　従って，「数列の基礎」を解説した本ではなく，「数列の面白さ，数列の見方」を呈示して読者を'挑発'するタイプの本といってもよい．

ただ，目標は数学の中の「数列」という一分野に‘出会い’好きになって
もらうことであって，もちろん難しい問題の洪水に苦しんでもらうことでは
ない（それは論外である）．

　そこで最初に，数列の「ものの見方」のうち，ちょっと面白いがまずまず
やさしいものを，ちょこっと2題ほどつけ加えてこの§0とすることにした．

## 1．高校で習う「数列」と本書で取り上げる「問題」

　現在「数列」という分野は高等学校のカリキュラムでは，高校2年時の
「数学B」で習うことになっている．そこで習う主なことは，

　　　Ⅰ．等差数列，等比数列など，基本的な数列の一般項の出し方，
　　　　　$n$ 項までの和
　　　Ⅱ．Σ記号による計算など，様々な和の求め方
　　　Ⅲ．様々なタイプの漸化式の解き方
　　　Ⅳ．数学的帰納法による証明

ということになるだろう．本書に取りかかる前に，このあたりの基礎は一応
学んでおいてほしい．

　だが，こうした教科書のカリキュラムをマスターした気になっても難関大
学の入試（数列の問題）はなかなか解き難いものが多く，その背後には，私
が先程言ったような「不思議」に通じるものも多い．

　そこで主流となっている難問は，

　　　①　実験をして一般項や数列の性質を予想し，それを式変形や帰納法で
　　　　　示す
　　　②　変わったタイプの漸化式の底に隠れている本質を見抜く（整数論や
　　　　　三角関数に関係するものなど）
　　　③　母関数という概念を背後にもっているもの

など，分類しはじめるとキリがないのだが，まずこの§0では手はじめに，
やさしい問題の「感覚的な解説（証明や答案ではなく単なるイメージ）」を1
つ呈示してイントロとしよう．それは，

　　　　　　　　数列は関数の一種で，その調べ方には
　　　　　　　　微積分との類似性がある

というものだ．

　かなり本質的で，しかもそれほど難しくはない物の見方なのに，高校数学
ではなぜかこの見方はあまり重きをおかれない．

　そこで，イントロには面白いかと思ったしだいである．

なお，以下の話では微分法・積分法の初歩（微分の概念，$f'(x)$，$f''(x)$ などの記号と，グラフの凹凸の関係など）は既知として話をすすめる．

また，この話題の難問については，§2にたくさん出てくる．

## 2．数列は関数の一種である

まず，1つの問題を呈示しよう．

---

**問題 1**

7つの実数 $a$，$b$，$c$，$d$，$e$，$f$，$g$ について，不等式
$$a-b>b-c>c-d>d-e>e-f>f-g>g-a$$
が成立している．このとき，この7つの実数のうち最大のものはどれか．

---

まずは普通に解いてみよう．

【解説】

結論から書けば $a$ が最大である．

それは，その他の可能性を否定することで得られる．

まず，$b$ が最大とすると $a-b<0$，$b-c>0$ だから与えられた不等式 $a-b>b-c$ に反する．

次に，$c$ が最大とすると，$b-c<0$，$c-d>0$ だから，$b-c>c-d$ に反する．このようにして，$b$〜$g$ についてはすべて最大である可能性が否定されるので，最大値は $a$ 以外にない（逆に，$a$ が最大である例を作るのは容易）．

       \*       \*       \*

さて，この解法は思いついてさえしまえばあっさりとはしている．だが，本問を別の観点から眺めてみよう．その観点とは，

数列とは，自然数を定義域とする関数である（一種のトビトビ関数である）という観点である．関数（何回でも微分可能ななめらかな普通の関数）を数列と比較すると，

  ▨  グラフを座標平面に表示するという手があった．数列でも，このことが感覚的に有効な場合がある．

  ▨  関数 $f(x)$ を微分するということは，$f'(x)=\displaystyle\lim_{h\to 0}\frac{f(x+h)-f(x)}{h}$

      を作るということだが，これによって局所の増減が分かった．この $f(x)$ を $\{a_n\}$ に，$h$ を1に代えて考えると，数列 $\{a_n\}$ を差分すると

は

$$\frac{a_{n+1}-a_n}{1}=a_{n+1}-a_n$$

を作ることである．もちろんこの符号で $a_n \to a_{n+1}$ の増減は分かる．

▨ 関数 $f(x)$ の第2次導関数（2回微分したもの）を作るとは

$$f''(x)=\lim_{h\to 0}\frac{f'(x+h)-f'(x)}{h}$$

を作ることだが，

$$f''(x)=\lim_{h\to 0}\frac{f(x+2h)-2f(x+h)+f(x)}{h^2}$$

も成り立つ．$h$ を 1 に代えて考えると，数列 $\{a_n\}$ を 2 階差分するとは，

$$a_{n+2}-2a_{n+1}+a_n$$

を作るという操作に対応する．

　そして，$f''(x)$ が正であれば $f(x)$ はその区間で下に凸だから，最大値の候補が区間の両端に限られるように，$\{a_n\}$ を 2 階差分した $a_{n+2}-2a_{n+1}+a_n$ が正であれば（§2 の p.27 で若干の図をつけたので参照してください），これが成り立つ"区間"では数列 $\{a_n\}$ は，初項か末項のどちらかが最大となる．

## 【問題 1 の感覚的イメージ】

　さて，では先程の問題 1 は作り手の側から見ると，どのような問題なのだろう？

　私は，この出題者はこれを「数列の問題」として捉えていたように思う．

　そこで，説明のため問題を作りかえてみよう．

---

**問題 1′**

　7 つの実数 $a_1$, $a_2$, $a_3$, $a_4$, $a_5$, $a_6$, $a_7$ について，不等式

$$a_1-a_2>a_2-a_3>a_3-a_4>a_4-a_5>a_5-a_6>a_6-a_7>a_7-a_1$$

が成立している．このとき，この 7 つの実数のうち最大のものはどれか．

---

　ここではあくまでも感覚的理解に徹することにする．

　まず $a_1=a_8$ とする初項 $a_1$，第 8 項目 $a_8$（$=a_1$）という数列を考えよう．与えられた条件から，

$$a_3 - 2a_2 + a_1 > 0$$
$$a_4 - 2a_3 + a_2 > 0$$
$$a_5 - 2a_4 + a_3 > 0$$
$$a_6 - 2a_5 + a_4 > 0$$
$$a_7 - 2a_6 + a_5 > 0$$
$$a_8 - 2a_7 + a_6 > 0$$

という6つの式が成り立つが，これは，数列 $a_1 \sim a_8$ を2階差分してできる数列がすべて正であることを示している．

2階差分の数列が正なのだから（微分法で $f''(x) > 0$ のとき下に凸なのと同じく），この数列を座標平面上に表すと，例えば下図のように"下に凸"のようなものとなり，最大値は両端のどちらかでとる．

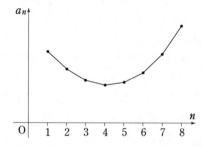

従って，$a_1$ または $a_8$ が最大なのだが，$a_1 = a_8$ なのだから，$a_1$ が最大である．

このように考えてみると，次の問題（過去の京都大（文系）の入試）も出題者の作問契機はすぐに分かるだろう．

---

**問題2**

　実数 $x_1$，$\cdots$，$x_n$ $(n \geqq 3)$ が条件 $x_{k-1} - 2x_k + x_{k+1} > 0$ $(2 \leqq k \leqq n-1)$ を満たすとし，$x_1$，$\cdots$，$x_n$ の最小値を $a$ とする．

　このとき $x_l = a$ となる $l$ $(1 \leqq l \leqq n)$ の個数は1または2であることを示せ．

---

出題者側から見れば，次のようになる．

8

これを $n$ 項からなる数列 $\{x_m\}$ と見れば，2 階差分は常に正だから，この数列は'下に凸'タイプである．

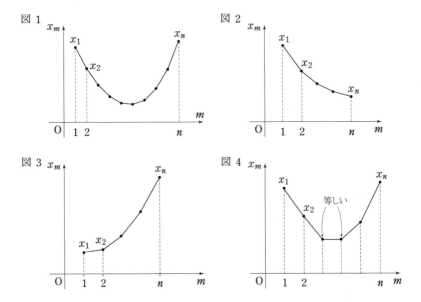

図 1　図 2　図 3　図 4

そこで，図 1，図 2，図 3 のように，下に凸タイプの数列を座標平面上に表してみると，最小値をとる $x_l$ は一見 1 つしかないように見えるが，実は図 4 のように，途中で 2 つ連続して等しい箇所が出てくる場合もある（図 2 で $x_{n-1}=x_n$ ；図 3 で $x_1=x_2$ の場合もある）．

こうして，$x_l=a$ となるような $l$ の個数は感覚的にも 1 つか 2 つである．

\*　　　　　\*　　　　　\*

ではやさしい例で本書の趣旨をつかんでもらったところで，いよいよ§1 から，不思議を秘めた問題の数々が始まる．

面白さとの出会いがどこにあるかは各人各様で，どこにあるかはわからない．ただ，自力で考えぬいて，一応わかった気になった問題の解説を読んで，「あっ，そういうことか」と腹にストンと落ちたとき，数学に惹かれていくことが多い気はする．

張り切って，まずは各問自力で挑戦してみてください．

# §1 実験・書き並べ・予想・帰納法

数列は小学校以来「規則的に並ぶ数の列」としてお馴染みだ．しかし，大学入試を中心に，一定水準以上の数列の問題を蒐集し眺めたところ，予想以上にこの分野は深かったし，面白かった．はりきって取りくんでいこう．

## 1．実験と予想

数が並んでいても，その並びが完全にデタラメ（規則性がない）だと，これは考察の対象にならない．そこで逆に考えれば，その「規則性」さえ発見してしまえば，「勝ち」のわけで，そのためには素朴なようだが手作業で「実験」し，きまりを見抜くことが大切だ．

---

**問題 1**

次の 3 条件（イ）（ロ）（ハ）をみたすような数列 $\{a_n\}$ を考える．

（イ）　$\displaystyle\sum_{k=1}^{2n}(-1)^{k-1}a_k=\sum_{l=1}^{n}\frac{1}{n+l}$　$(n=1,\ 2,\ \cdots)$

（ロ）　$\displaystyle a_{2n}=\frac{a_{2n-1}}{a_{2n-1}+1}$　$(n=1,\ 2,\ \cdots)$

（ハ）　$a_n>0$　$(n=1,\ 2,\ \cdots)$

この数列の第 $n$ 項を求めよ．　　　　　　　　　　　（阪大）

---

こうした問題では，抽象的に巧い手を考えつこうとして時間を浪費するより，まず初めの数項を求めて，アタリをつけることが大切だ．

【解説】

（イ），（ロ）で $n=1$ とおくと（イ）から，$a_1-a_2=\dfrac{1}{2}$，（ロ）から $a_2=\dfrac{a_1}{a_1+1}$ がわかる．2 式を連立して $a_2$ を消去すると，

$$2a_1{}^2-a_1-1=0　\therefore\ (2a_1+1)(a_1-1)=0$$

となり，（ハ）から，$a_1=1$，よって $a_2=\dfrac{1}{1+1}=\dfrac{1}{2}$ もわかる．

さらに実験をつづける．（イ），（ロ）で $n=2$ とおく．

この実験も先と同様なので計算は読者にまかせるが，$a_3=\dfrac{1}{3}$，$a_4=\dfrac{1}{4}$ となる．

ここから，$\boldsymbol{a_n=\dfrac{1}{n}}$ が予想できる．また計算過程から，「2項ずつ順にペアになって決まっていくらしい」という推測もつく．

＊ ＊ ＊

（イ）で，$n \Rightarrow n+1$ とした式から，元の式を引くと，

$$a_{2n+1}-a_{2n+2}=\left(\frac{1}{2n+2}+\frac{1}{2n+1}\right)-\frac{1}{n+1} \quad\cdots\cdots\cdots\cdots\cdots\text{①}$$

（ロ）より，$a_{2n+2}=\dfrac{a_{2n+1}}{a_{2n+1}+1}$ $\cdots\cdots\cdots\cdots\cdots\cdots\cdots\cdots\cdots\cdots$②

①，②から $a_{2n+2}$ を消去すると，

$$a_{2n+1}-\frac{a_{2n+1}}{a_{2n+1}+1}=\frac{1}{(2n+1)(2n+2)}$$

式変形して（予想があるので安心して計算できる！）

$$(2n+1)(2n+2)x^2-x-1=0 \quad (a_{2n+1}=x \text{ とおいた})$$
$$\therefore \quad \{(2n+1)x-1\}\{(2n+2)x+1\}=0$$

よって，条件（ハ）より，$a_{2n+1}=\dfrac{1}{2n+1}$，これを①に代入すれば，

$a_{2n+2}=\dfrac{1}{2n+2}$ となる．

以上より $n$ が奇数の場合も偶数の場合も，先程の予想は示された．

⇨**注** $\displaystyle 1-\frac{1}{2}+\frac{1}{3}-\frac{1}{4}-\cdots+\frac{1}{2n-1}-\frac{1}{2n}$

$$=\left(1+\frac{1}{2}+\cdots+\frac{1}{2n}\right)-2\left(\frac{1}{2}+\frac{1}{4}+\cdots+\frac{1}{2n}\right)$$

$$=\left(1+\frac{1}{2}+\cdots+\frac{1}{2n}\right)-\left(1+\frac{1}{2}+\cdots+\frac{1}{n}\right)$$

$$=\frac{1}{n+1}+\cdots+\frac{1}{2n}$$

これを背景にした問題は時々ある．

問題2

　自然数 $n$ と $n$ 項数列 $a_k$（$1\leqq k\leqq n$）が与えられていて，次の条件(イ)，(ロ)を満たしている．

（イ）　$a_k$（$1\leqq k\leqq n$）はすべて正整数で，すべて $1$ と $2n$ の間にある，
　$1\leqq a_k\leqq 2n$．

（ロ）　$S_j=\displaystyle\sum_{k=1}^{j} a_k$ とおくとき，$S_j$（$1\leqq j\leqq n$）はすべて平方数である．

（1）　$S_n=n^2$ であることを示せ．

（2）　$a_k$（$1\leqq k\leqq n$）を求めよ．　　　　　　　　　　　　（京大）

　はじめに断っておくと，今度は初めの数項を予想する問題ではない．親切すぎることに，予想はすでに問題文の中に書いてある．

　むしろキーポイントは，「$S_n$ が $(n+1)^2$ 以上になることが何でありえないの？」という素朴な問いだ．実際，$S_n=(n+i)^2$（$i=1$, $2$, $\cdots$）としたら何か不都合が起きるのだろうか？　実験してみよう．

【解説】

　$S_n=(n+i)^2$（$i\geqq1$）と仮定する．すると，

　　　　$S_{n-1}$ は $(n+i-1)^2$ 以下　（$S_n=S_{n-1}+a_n$ で $a_n$ は正）

だから，

　　　$S_n-S_{n-1}\geqq(n+i)^2-(n+i-1)^2=2(n+i)-1\geqq2n+1$（$\because$　$i\geqq1$）

　これが $a_n$ に等しいわけだが，仮定により $a_n$ は $2n$ 以下だから，これは成立しない！

（1）　上の考察により，$S_n\leqq n^2$ である．ところが $S_1<S_2<S_3<\cdots\cdots<S_n$ で，$n^2$ 以下には平方数は $n$ 個しかないから，$S_n=n^2$ に決まる．

（2）　$a_k=S_k-S_{k-1}=k^2-(k-1)^2=\boldsymbol{2k-1}$

（$a_1=S_1=1$ より，$k=1$ のときもこれでよい）

　⇨注　今度は，$1+3+5+\cdots\cdots+(2n-1)=n^2$（奇数を小さい順に $n$ 個足すと $n^2$）という素朴な事実を背景にしている．

## 2．予想から帰納法へ

　今度は，予想してからその予想を数学的帰納法で示すという，1つの定石を学ぼう．次の問題は SLP といって数学オリンピック世界大会の候補問題だが，難易度としては，大学入試のやや難しめ程度だろう．

数列 $a_{(n, k)}$ は

$$a_{(n, 1)} = \frac{1}{n} \quad (n=1,\ 2,\ \cdots)$$

$$a_{(n, k+1)} = a_{(n-1, k)} - a_{(n, k)} \quad (k=1,\ 2,\ \cdots,\ n-1)$$

で与えられている．また，$a_{(n, 1)}$，$a_{(n, 2)}$，$\cdots\cdots$，$a_{(n, n)}$ を $n$ 段目と呼ぶことにする．1985 段目の調和平均を求めよ．ただし，調和平均とは，「逆数の平均」の逆数である．　　　　　　　　　　　　（SLP）

ともかくどんどん計算して書き出してみよう．

$$1 \cdots\cdots\cdots\cdots\cdots\cdots\cdots\cdots 1\,段目 \quad a_{(1,\ 1)}$$

$$\frac{1}{2} \quad \frac{1}{2} \cdots\cdots\cdots\cdots\cdots\cdots 2\,段目 \quad a_{(2,\ 1)}\ a_{(2,\ 2)}$$

$$\frac{1}{3} \quad \frac{1}{6} \quad \frac{1}{3} \cdots\cdots\cdots\cdots 3\,段目 \quad a_{(3,\ 1)}\ a_{(3,\ 2)}\ a_{(3,\ 3)}$$

$$\frac{1}{4} \quad \frac{1}{12} \quad \frac{1}{12} \quad \frac{1}{4} \cdots\cdots 4\,段目 \qquad\qquad \vdots$$

$$\frac{1}{5} \quad \frac{1}{20} \quad \frac{1}{30} \quad \frac{1}{20} \quad \frac{1}{5} \cdots\cdots 5\,段目$$

何だか規則性がありそうだ．例えば 5 段目は，

$$\left(\frac{1}{5}\times\right) \frac{1}{{}_4\mathrm{C}_0},\ \frac{1}{{}_4\mathrm{C}_1},\ \frac{1}{{}_4\mathrm{C}_2},\ \frac{1}{{}_4\mathrm{C}_3},\ \frac{1}{{}_4\mathrm{C}_4}$$

となっており，なんだかパスカルの三角形に似ている．

そこで予想としては，$n$ 段目は，

$$\frac{1}{n\cdot{}_{n-1}\mathrm{C}_0},\ \frac{1}{n\cdot{}_{n-1}\mathrm{C}_1},\ \frac{1}{n\cdot{}_{n-1}\mathrm{C}_2},\ \cdots\cdots,\ \frac{1}{n\cdot{}_{n-1}\mathrm{C}_{n-1}}$$

ということになる．これを帰納法で示してみよう．

【解説】

上の予想を帰納法で示す．

$n \leqq 5$ の場合は上記の"実験"から成り立つ．

$n \geqq 5$ のとき，$n$ の場合の成立を仮定して，$n+1$ の場合を示そう．さらに $k$ についての帰納法となる．

上記の仮定の下で，

$$a_{(n+1,\ k)}=\frac{1}{(n+1)_n\mathrm{C}_{k-1}}\quad(k=1,\ \cdots\cdots,\ n+1)$$

を示す．

$k=1$ のときは，$a_{(n+1,\ 1)}=\dfrac{1}{n+1}$ で成立．

次に $k$ のときの成立 $a_{(n+1,\ k)}=\dfrac{1}{(n+1)_n\mathrm{C}_{k-1}}$ を仮定して，$k+1$ の場合を示す．

与えられた漸化式より計算すると，

$$a_{(n+1,\ k+1)}=a_{(n,\ k)}-a_{(n+1,\ k)}$$

$$=\frac{1}{n\cdot_{n-1}\mathrm{C}_{k-1}}-\frac{1}{(n+1)_n\mathrm{C}_{k-1}}$$

$$=\frac{(k-1)!\{(n-1)-(k-1)\}!}{n\cdot(n-1)!}-\frac{(k-1)!\{n-(k-1)\}!}{(n+1)\cdot n!}$$

$$=\frac{(k-1)!(n-k)!\{(n+1)-(n-k+1)\}}{(n+1)!}$$

$$=\frac{k!(n-k)!}{(n+1)\cdot n!}=\frac{1}{(n+1)_n\mathrm{C}_k}$$

となり，$k+1$ の場合も成立．

よって $(n+1)$ 段目の成立がいえる．

あとは $n$ 段目の「逆数の平均」を求めると，

$$\frac{1}{n}(n\cdot_{n-1}\mathrm{C}_0+n\cdot_{n-1}\mathrm{C}_1+\cdots\cdots+n\cdot_{n-1}\mathrm{C}_{n-1})=\sum_{i=0}^{n-1}{}_{n-1}\mathrm{C}_i=2^{n-1}$$

（2項定理）となり，調和平均は $\dfrac{1}{2^{n-1}}$．よって，$\dfrac{1}{2^{1984}}$ が答えとなる．

---

**問題4**

関数 $f_n(x)$ $(n=1,\ 2,\ \cdots)$ を次の漸化式で定める．

$$f_1(x)=x^2,\quad f_{n+1}(x)=f_n(x)+x^3 f_n{}^{(2)}(x)$$

ただし，$f_n{}^{(k)}(x)$ は $f_n(x)$ の第 $k$ 次導関数を表す．

（1）$f_n(x)$ は $(n+1)$ 次多項式であることを示し，$x^{n+1}$ の係数を求めよ．

（2）$f_n{}^{(1)}(0),\ f_n{}^{(2)}(0),\ f_n{}^{(3)}(0),\ f_n{}^{(4)}(0)$ を求めよ． （東工大）

（2）にはどんどん微分する巧い手もあるが，とりあえず初心のうちは，ともかく実験して感触をつかむことだ.

| | | 最高次 | 1 |
|---|---|---|---|
| $f_1(x)=x^2$ | | 〃 | 2 |
| $f_2(x)=x^2+2x^3$ | | 〃 | $12=2^2\times3$ |
| $f_3(x)=x^2+4x^3+12x^4$ | | 〃 | $144=2^4\times3^2$ |
| $f_4(x)=x^2+6x^3+36x^4+144x^5$ | | 〃 | $2880=?$ |
| $f_5(x)=x^2+8x^3+72x^4+576x^5+2880x^6$ | | | |

このくらいまで実験すれば十分だろう.

【解説】

（1） $f_4\to f_5$ のところを眺めてしくみを考えると，$f_5$ の $x^6$ の係数は，$\underline{5\times4\times144}$（$144x^5$ を2回微分し，$\times x^3$）であることがわかる.

そこではじめから考えると，どうやら最高次の係数は

$$2\times1\to(2\times1)\times(3\times2)$$
$$\to(2\times1)\times(3\times2)\times(4\times3)$$
$$\to(2\times1)\times(3\times2)\times(4\times3)\times(5\times4)$$

と推移する規則性がわかるだろう.

つまり，どうやら最高次の係数は $f_n$ の場合には，$n!(n-1)!$ なのだ.

そこで，帰納法の出番となる.

命題P：$f_n(x)$ は $(n+1)$ 次の多項式で最高次 $(n+1)$ 次の係数は $n!(n-1)!$ である.

を数学的帰納法で示す.

$n\leqq5$ のときは上の実験で明らか.

$n\geqq5$ のとき．$n$ での成立を仮定し，$n+1$ の場合を示そう.

$f_n(x)=n!(n-1)!x^{n+1}+q_n(x)$（$q_n(x)$ は $n$ 次以下の多項式）とすると，与えられた漸化式により，

$$f_{n+1}(x)=f_n(x)+x^3\{(n+1)n\cdot n!(n-1)!x^{n-1}+q_n''(x)\}$$
$$=n!(n+1)!x^{n+2}+\{(n+1)\text{ 次以下の多項式}\}$$

となるので，命題Pは示された.

（2） 実験結果を子細に観察しよう．すると，$f_n(x)$ について，$x^2$ の係数は1，$x^3$ の係数は $2(n-1)$ となることはすぐ予想がつく．問題は，4次の係数だが，$f_1(x)$，$f_2(x)$ の4次の係数は0，$f_3(x)$ 以降は，もう少し実験すると，

（4次の係数は）

12, 36, 72, 120, 180, …

となり、これが $12\times1$, $12\times(1+2)$, $12\times(1+2+3)$, $12\times(1+2+3+4)$, … に対応していることは、予想もつくし、係数についての漸化式を作っても容易に示せる.

ここでは、4次の係数が $f_n(x)$ について、$6(n-1)(n-2)$ だと予想して、帰納法で示そう.

$$f_n(x)=x^2+2(n-1)x^3+6(n-1)(n-2)x^4+（5次以上の項）$$

[5次以上は $n\leqq3$ では存在しない]

とおくと、$n=1$, 2, 3 のときは予想は成立し、さらに、

$$f_{n+1}(x)=f_n(x)+x^3f_n^{(2)}(x)$$
$$=x^2+2(n-1)x^3+6(n-1)(n-2)x^4+（5次以上の項）$$
$$+x^3\{2+12(n-1)x+（2次以上の項）\}$$
$$=x^2+2nx^3+6n(n-1)x^4+（5次以上の項）$$

となるので、上の予想は示された.

そこで、$\boldsymbol{f_n^{(1)}(0)=0}$, $\boldsymbol{f_n^{(2)}(0)=2}$, $\boldsymbol{f_n^{(3)}(0)=12(n-1)}$,
$\boldsymbol{f_n^{(4)}(0)=4\cdot3\cdot2\cdot6(n-1)(n-2)=144(n-1)(n-2)}$

\* \* \*

こういう問題を見ると、実験して、予想して帰納法という流れは、つくづく偉大だ（楽だ!?）と思う.

ところで、実験してどんどん書き並べて感覚をつかむという手法は、次のような問題にも有効だ.

## 3. 2重数列（行と列あり）はタテにもヨコにも眺める

問題 5

$k$, $m$, $n$ は整数とし、$n\geqq1$ とする. $_mC_k$ を2項係数として、$S_k(n)$, $T_m(n)$ を以下のように定める.

$$S_k(n)=1^k+2^k+3^k+\cdots+n^k, \quad S_k(1)=1 \quad (k\geqq0)$$
$$T_m(n)=_mC_1S_1(n)+_mC_2S_2(n)+\cdots+_mC_{m-1}S_{m-1}(n)$$
$$=\sum_{k=1}^{m-1}{_mC_kS_k(n)} \quad (m\geqq2)$$

(1) $S_1(n)$, $S_2(n)$, $T_m(1)$, $T_m(2)$ を求めよ.

(2) 一般の $n$ に対して、$T_m(n)$ を求めよ. （名古屋大・一部改）

（3）は省略したが，これは整数問題として独立に解いた方が解きやすい上，本書では，数列をメインとするための省略である。

（1） $S_1(n)=\dfrac{n(n+1)}{2}$, $S_2(n)=1^2+\cdots+n^2=\dfrac{n(n+1)(2n+1)}{6}$

はよく知られている。そこで，

$$
\begin{aligned}
T_m(1)&={}_mC_1 S_1(1)+{}_mC_2 S_2(1)+\cdots+{}_mC_{m-1}S_{m-1}(1)\\
&={}_mC_1+{}_mC_2+\cdots+{}_mC_{m-1}\\
&=\sum_{k=0}^{m}{}_mC_k-{}_mC_0-{}_mC_m=2^m-2\\
T_m(2)&={}_mC_1 S_1(2)+{}_mC_2 S_2(2)+\cdots+{}_mC_{m-1}S_{m-1}(2)\\
&=\sum_{k=1}^{m-1}{}_mC_k S_k(2)=\sum_{k=1}^{m-1}{}_mC_k(1+2^k)\\
&=T_m(1)+\sum_{k=0}^{m}{}_mC_k 2^k-{}_mC_0 2^0-{}_mC_m 2^m\\
&=(2^m-2)+3^m-1-2^m=3^m-3
\end{aligned}
$$

ここまでくると，問題（2）の方針はすぐに立ち，$T_m(n)=(n+1)^m-(n+1)$ は容易に予想できるから，これを帰納法で証明させようというのだろう。

だが，ここではあえて別の方法をとる。

次の表を見てほしい。

| 行＼列 | 1列目 | 2列目 | 3列目 | …… | $(m-1)$列目 |
|---|---|---|---|---|---|
| 1行目 | ${}_mC_1\cdot 1$ | ${}_mC_2\cdot 1^2$ | ${}_mC_3\cdot 1^3$ | …… | ${}_mC_{m-1}\cdot 1^{m-1}$ |
| 2行目 | ${}_mC_1\cdot 2$ | ${}_mC_2\cdot 2^2$ | ${}_mC_3\cdot 2^3$ | …… | ${}_mC_{m-1}\cdot 2^{m-1}$ |
| 3行目 | ${}_mC_1\cdot 3$ | ${}_mC_2\cdot 3^2$ | ${}_mC_3\cdot 3^3$ | …… | ${}_mC_{m-1}\cdot 3^{m-1}$ |
| ⋮ | ⋮ | ⋮ | ⋮ | | ⋮ |
| $n$行目 | ${}_mC_1\cdot n$ | ${}_mC_2\cdot n^2$ | ${}_mC_3\cdot n^3$ | …… | ${}_mC_{m-1}\cdot n^{m-1}$ |

たとえば，3列目の和は ${}_mC_3 S_3(n)$ になる。このように書き並べると，$k$列目の和は ${}_mC_k S_k(n)$ となるので，この表の中の数の総和が $T_m(n)$ であることはすぐにわかるだろう。

ところで，問題は $T_m(n)$ を「列の和」の総和として定義しているわけだが，$T_m(n)$ を「行の和」の総和として眺めたって，一向にさしつかえないだろう。

では行の和はどうなるか？ $k$ 行目の和は，

$$\sum_{i=1}^{m-1} {}_mC_i \cdot k^i = \sum_{i=0}^{m} {}_mC_i \cdot k^i - {}_mC_0 \cdot k^0 - {}_mC_m \cdot k^m$$
$$= (k+1)^m - k^m - 1$$

となる．これを，$k=1, 2, \cdots\cdots, n$ にわたって加えると，

$$T_m(\boldsymbol{n}) = \sum_{k=1}^{n} \{(k+1)^m - k^m - 1\}$$
$$= (2^m - 1^m - 1) + (3^m - 2^m - 1) + \cdots\cdots + \{(n+1)^m - n^m - 1\}$$
$$= (\boldsymbol{n}+1)^m - (\boldsymbol{n}+1)$$

となる．何だ，「あえて別の方法」といった割には結局本質的に同じなのだが，本問の構造は，こうして眺めた方がわかりやすいだろう．

ちなみに，行・列状に並んだ数の和を考えるときは，一度はタテに足すかヨコに足すか思案すべきだろう．

## 4. 挑戦してみよう

最後に，やや難しいが面白い問題を取りあげてみる．

---

**問題 6**

$c$ は自然数とする．数列 $\{a_n\}$ は $a_0=1$，$a_1=c$ で，漸化式 $a_{n+1}=2a_n-a_{n-1}+2$ $(n=2, 3, \cdots\cdots)$ をみたす．このとき，すべての自然数 $k$ に対して，$a_k a_{k+1}=a_r$ となるような自然数 $r$ が存在することを示せ． (SLP)

---

はじめの数項は順に書くと，

$$1, \ c, \ 2c+1, \ 3c+4, \ 4c+9, \ 5c+16, \ 6c+25, \ \cdots$$

のようになり，$a_n = cn + (n-1)^2$ ……(☆) と予想できる．

これを帰納法で示すのはたやすい．

$n \leqq 6$ までは上の実験であきらか，

$n \geqq 6$ のときは，漸化式を用いて，

$$a_{n+1} = 2a_n - a_{n-1} + 2$$
$$= 2\{cn + (n-1)^2\} - c(n-1) - (n-2)^2 + 2$$
$$= c(n+1) + n^2$$

となるので，O.K. だ．

18

問題はここからだ．巧いやり方もありそうではあるが，泥くさく実験してみよう．

## 【解説】

　手計算は自力でしてほしいのだが，筆者の場合はまず $c=3$，4，5の場合に，$k$ に対して $r$ がどう対応しているか地道に調べた．

　すると，

① $c=3$ のとき

| $a_0$ | $a_1$ | $a_2$ | $a_3$ | $a_4$ | $a_5$ | $a_6$ | $a_7$ | $a_8$ | $a_9$ | $\cdots$ | | $a_n$ |
|---|---|---|---|---|---|---|---|---|---|---|---|---|
| 1 | 3 | 7 | 13 | 21 | 31 | 43 | 57 | 73 | 91 | $\cdots$ | | $3n+(n-1)^2$ |

そこで，

$$a_1 a_2 = 21 = a_4 \qquad a_2 a_3 = 91 = a_9 \qquad a_3 a_4 = 273 = a_{16}$$

となり，$k$ に対して，$r=(k+1)^2$ となるような $r$ が対応すると予想できた．

② $c=5$ のとき

　同様に $a_0$，$a_1$，$\cdots$ の値を書き並べ実験したところ，

$a_1 a_2 = 55 = a_6$, $a_2 a_3 = 209 = a_{13}$, $a_3 a_4 = 551 = a_{22}$, $a_4 a_5 = 1189 = a_{33}$,

$a_5 a_6 = 2255 = a_{46}$ $\cdots$ から，

$k=1$，2，3，$\cdots\cdots$ に対して，$r$ は

$$6 \xrightarrow{+7} 13 \xrightarrow{+9} 22 \xrightarrow{+11} 33 \xrightarrow{+13} 46$$

のような規則性があった．途中経過は省略するが，ここから，

$r = k^2 + 4k + 1$ が予想できた．

③ $c=4$ の場合も同様な実験から，$r = k^2 + 3k + 1$ と予想でき，①〜③の結果を合わせて，もしかしたら，

$$a_k a_{k+1} = a_{k^2+(c-1)k+1} \quad \cdots\cdots\cdots\cdots\cdots\cdots\cdots\cdots\cdots\cdots\cdots\cdots\cdots\cdots\text{(☆☆)}$$

ではないかとアタリをつけた．

＊　　　　＊　　　　＊

　あとは，(☆)式に $k$，$k+1$，$k^2+(c-1)k+1$ を代入し，(☆☆)式が合っていることを祈るばかりだ．

$$a_k = ck + (k-1)^2 \qquad a_{k+1} = c(k+1) + k^2$$

$$a_{k^2+(c-1)k+1} = c\{k^2+(c-1)k+1\} + \{k^2+(c-1)k\}^2$$

であり，これを計算すると確かに(☆☆)式は成立する．

＊　　　　＊　　　　＊

　当然とはいえ…計算が合うと嬉しいものだね…

# §2 数列を調べる

　得体の知れないものに出会うと，私たちは驚き，えてして思考は停止するものだ．だが受験で得体の知れない数列が出てきたとき，ぽかんとしているわけにもいかない．そんなとき，とりあえずとるべき方法がある．

## 1. 階差をとる

　とりあえず次の問題（？）に取りくんでもらおう．

---

**問題 1**

　次に数列 $\{a_n\}$ の初項 $a_1$ から，最初の 6 項が与えられている．この数列として考えられるものは沢山あるが，その中の 1 つについて，$a_n$ の一般項を $n$ の式で表せ．

$$-2, \quad 3, \quad 12, \quad 25, \quad 42, \quad 63, \quad \cdots$$

---

　最初の 6 項が上記の数列は，実は無数に作れる．そのうちの 1 つでよいから一般項を求めなさいという趣旨だ．

　それにしても得体がしれない．

　こんなとき，とりあえず数列を調べる武器としておぼえてほしいのが，差（階差）をとるという手段だ．

【解説】

　与えられた数列の階差をとると右図のようになり第 1 階差は，5, 9, 13, 17, 21, …，第 2 階差は常に 4 となる（規則性が出てきた！）．

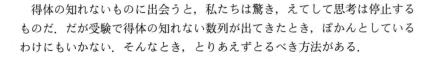

　第 1 階差数列を $\{b_n\}$（初項 $b_1=5$）とすると，

$$b_n = 5 + 4(n-1) = 4n+1$$

　そこで，$a_n$（$n=1$ でもよい）は

$$a_n = -2 + \sum_{j=1}^{n-1} b_j = -2 + 4 \cdot \frac{(n-1)n}{2} + (n-1) = 2n^2 - n - 3$$

となる.

　ちなみに，一般項が $n$ の多項式で表される数列には原則としてこの手段が有効だ．$n$ 次多項式で表される一般項をもつ数列は，$n$ 回差分すると（階差をとると）必ず一定値となる．

　では，この考え方を使った難しい問題に取りくんでみよう.

---

**問題 2**

数列 $\{a_n\}$ は次の漸化式で定義される．一般項 $a_n$ を $n$ の式で表せ.

$$a_1=1, \quad a_{n+1}=\frac{1+4a_n+\sqrt{1+24a_n}}{16} \quad (n\geqq1) \qquad （\text{SLP}）$$

---

　得体の知れない漸化式の登場だ．まず実験によって最初の数項を求めてみよう.

$$1\left(=\frac{2}{2}\right) \quad \frac{5}{8} \quad \frac{15}{32} \quad \frac{51}{128} \quad \frac{187}{512} \quad \frac{715}{2048}$$

となる．分母はすぐに，$2^{2n-1}$ と予想できる．問題は分子だ.

**【解説】**

　上記の分子 $\{b_n\}$ を差分してみる．しかし，いくら差分しても，すぐには規則性が見つからない.

　だがあきらめるのは早いのだ.

　図 2 のように，くりかえし差分した左端の数を数列 $\{c_n\}$ と見立て，さらにこれを差分する.

　すると，第 1 階差数列が，

$$d_1=1, \quad d_n=4\cdot3^{n-2} \quad (n\geqq2)$$

と予想できる.

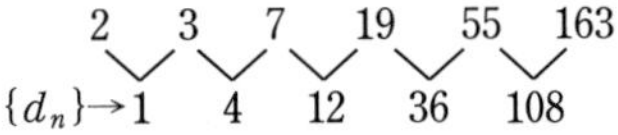

　そこで，$c_n$ は，

$$c_1=2, \quad c_2=3,$$

$$c_n=3+\sum_{k=2}^{n-1}d_k=3+4\cdot\frac{3^{n-2}-1}{3-1}=2\cdot3^{n-2}+1$$

と予想でき，これは $c_2$ の場合も正しい（$c_1$ はダメ）.

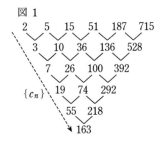

図 1

図 2　$\{c_n\}$ の差分

$$\begin{array}{ccccccc}
& 2 & 3 & 7 & 19 & 55 & 163 \\
\{d_n\}\rightarrow & 1 & 4 & 12 & 36 & 108 &
\end{array}$$

$$* \qquad * \qquad *$$

さて，図 1 で，$\{c_n\}$ がわかったとき，$\{b_n\}$ を求める手立てはあるのだろうか？§10 の話題になるので今は細かい説明は省略するが，結果だけ反則技だが教えておこう．

実は，どんどん差分して左端の数列 $\{c_n\}$ が求まれば，$b_n$ は，

$$b_n=\sum_{k=0}^{n-1}{}_{n-1}\mathrm{C}_k\cdot c_{k+1}\ (\text{ただし，}{}_0\mathrm{C}_0=1)$$

として求まるのだ．

$$
\begin{array}{lll}
c_1 & c_1+c_2 & c_1+2c_2+c_3 \\
c_2 & c_2+c_3 & c_2+2c_3+c_4 \\
c_3 & c_3+c_4 & \\
c_4 & &
\end{array}
$$

⇨**注** これは高階差分法の「反転公式」といって §10 で扱うが，右図のように，$c_1$，$c_2$，… から上段の $\{b_n\}$ 系列を復元すれば係数がパスカルの三角形の並びになることが帰納的にわかるだろう．

そこで，この公式にあてはめると，

$$b_1=c_1=2$$

$$b_n=\sum_{k=1}^{n-1}{}_{n-1}\mathrm{C}_k\cdot(2\cdot3^{k-1}+1)+c_1$$

$$=2\sum_{k=1}^{n-1}{}_{n-1}\mathrm{C}_k\cdot3^{k-1}+\sum_{k=1}^{n-1}{}_{n-1}\mathrm{C}_k+b_1$$

$$=\left(\frac{2}{3}\sum_{k=0}^{n-1}{}_{n-1}\mathrm{C}_k\cdot3^k-\frac{2}{3}\right)+(2^{n-1}-1)+2$$

$$=\frac{2}{3}\cdot4^{n-1}+2^{n-1}+\frac{1}{3}$$

$$=\frac{1}{3}\cdot2^{2n-1}+2^{n-1}+\frac{1}{3}\ (n\geqq2)$$

（$\{b_n\}$ の一般項が出たら，$n=4$，5 などを代入して確かめる癖をつけよう．万一合っていないと大変…）

\* \* \*

ようやく，$b_n$（分子）が予想できたので，あとは分母と合わせて，$a_n$ は

$$a_1=1,\ a_n=\frac{1}{3}+\frac{1}{2^n}+\frac{1}{3\cdot2^{2n-1}}\ (n\geqq2)$$

と予想できる．$\{a_n\}$ は初項を含めた漸化式で一意に決まるので，あとは，この予想が漸化式を満たすかどうか調べるだけだ．

$a_1\to a_2$ のところは，すぐ大丈夫とわかる．あとは

$$a_{n+1} = \frac{1}{16}\left\{1 + 4\left(\frac{1}{3} + \frac{1}{2^n} + \frac{1}{3\cdot 2^{2n-1}}\right) + \sqrt{1 + 24\left(\frac{1}{3} + \frac{1}{2^n} + \frac{1}{3\cdot 2^{2n-1}}\right)}\right\}$$

$$= \frac{1}{16}\left\{\frac{7}{3} + \frac{1}{2^{n-2}} + \frac{1}{3\cdot 2^{2n-3}} + \sqrt{\left(3 + \frac{1}{2^{n-2}}\right)^2}\right\}$$

$$= \frac{1}{3} + \frac{1}{2^{n+1}} + \frac{1}{3\cdot 2^{2(n+1)-1}}$$

となるので，O.K. だ．

それにしても計算は大変だったが，このような難問でも，差分して調べるだけで見当がついてしまうというのはスゴイと思う．

$\{b_n\}$ の第 1 階差を見ると，例えば 528 が 2 のべき乗に近いので

$$3 = 2+1, \quad 10 = 8+2, \quad 36 = 32+4, \quad 136 = 128+8, \quad 528 = 512+16$$

より，第 1 階差 $= 2^{2n-1} + 2^{n-1}$ に気づけばもっと手早く $b_n$ が予想できる．

なお，いまは $\{a_n\}$ の最初の数項を計算して $a_n$ を予想した．$\{a_n\}$ が収束するとすれば，その値 $\alpha$ は $\lim_{n\to\infty} a_n = \lim_{n\to\infty} a_{n+1} = \alpha$ を満たすので，

$$\alpha = \frac{1 + 4\alpha + \sqrt{1 + 24\alpha}}{16}$$ を解いて $\alpha = \frac{1}{3}$ となる．そこで $a_n - \frac{1}{3}$ を調べて予想するのもよいだろう（この予想は容易）．

## 2. $a_{n+1} - a_n$ に着目する

ところで，数列の第 1 階差をとるというのは $a_{n+1} - a_n$ を作ることを意味する．

ここでちょっと右の図を見てほしいだ．第 1 階差数列は，次々（$a_2 - a_1$ からはじめて $a_n - a_{n-1}$ まで）足すと，魔法のように項が消えて，$a_n - a_1$ が残る．

よく考えればこれはアタリマエの話だが，このことを利用すると次のような面白い問題ができる．

$$\begin{array}{l} a_2 - a_1 \\ a_3 - a_2 \\ a_4 - a_3 \\ \vdots \quad \vdots \\ +)\,a_n - a_{n-1} \\ \hline a_n - a_1 \end{array}$$

---

**問題 3**

数列 $\{a_n\}$ を，$a_0 = 1994$，$a_{n+1} = \dfrac{a_n{}^2}{a_n + 1}$ $(n = 0, 1, 2, \cdots)$

によって定義する．$0 \leq n \leq 998$ なる自然数 $n$ について，$1994 - n$ は $a_n$ 以下の最大の整数であることを示せ．

(SLP)

漸化式の右辺が問題だ．これを $a_n - 1 + \dfrac{1}{a_n + 1}$ と変形すると，

$$a_{n+1} - a_n = \frac{1}{a_n + 1} - 1 \quad\cdots\cdots\cdots\cdots\cdots\cdots\cdots\cdots\cdots\cdots\cdots\cdots\cdots\cdots\cdots ☆$$

となる．（階差の形に持ちこむことができた！）

## 【解説】

☆を書き並べて，足してみよう．以下，$n \geqq 1$ と考える．

$$a_n - a_0 = \sum_{i=0}^{n-1} \frac{1}{a_i + 1} - n$$

$$\therefore \quad 1994 - n = a_n - \underline{\underline{\sum_{i=0}^{n-1} \frac{1}{a_i + 1}}}$$

となる．

そこで，問題文と照らしあわせると，〰〰部が 0 以上 1 未満なら O.K. だ．つまり，

$$0 \leqq \sum_{i=0}^{n-1} \frac{1}{a_i + 1} < 1 \quad (n = 1,\ 2,\ \cdots,\ 998) \cdots ①$$

を示せばよい．

①の左側の不等式は自明だ（$\sum$ の各項 $\geqq 0$）．では右側の不等式はどう処理しよう？

☆式と $a_n > 0$（これは自明）より，$a_{n+1} - a_n < 0$ はすぐわかる．そこで，$\{a_n\}$ は単調減少な数列だ．

また，$0 < \dfrac{1}{a_i + 1} < 1$ だから，$n = 0,\ 1,\ \cdots,\ 997$ について，$a_n > 997$（数列 $\{a_n\}$ は初項 1994 から 1 項ごとに「0 より大きく 1 より小さい数」ずつ減っていく）である．

そこで，

$$\frac{1}{a_i + 1} \quad (i = 0,\ 1,\ 2,\ \cdots,\ 997) \text{ は } \frac{1}{998} \text{ よりすべて小さい．}$$

ここまでくれば，①の右側の不等式もわかるだろう．

\* \* \*

これと同じような発想の問題は大学入試にもある．

（右側の計算）

$$a_n - a_{n-1} = \frac{1}{a_{n-1} + 1} - 1$$

$$a_{n-1} - a_{n-2} = \frac{1}{a_{n-2} + 1} - 1$$

$$a_{n-2} - a_{n-3} = \frac{1}{a_{n-3} + 1} - 1$$

$$\vdots$$

$$a_2 - a_1 = \frac{1}{a_1 + 1} - 1$$

$$+) \quad a_1 - a_0 = \frac{1}{a_0 + 1} - 1$$

$$\overline{\quad a_n - a_0 = \sum_{i=0}^{n-1} \frac{1}{a_i + 1} - n \quad}$$

$a_1 = \dfrac{1}{2}$ とし，数列 $\{a_n\}$ を漸化式

$$a_{n+1} = \dfrac{a_n}{(1+a_n)^2} \quad (n=1,\ 2,\ 3,\cdots)$$

によって定める．以下の問いに答えよ．

（1） 各 $n=1,\ 2,\ 3,\ \cdots$ に対し，$b_n = \dfrac{1}{a_n}$ とおく．$n>1$ のとき，

$b_n > 2n$ となることを示せ．

（2） $\displaystyle\lim_{n\to\infty} \dfrac{1}{n}(a_1 + a_2 + \cdots\cdots + a_n)$ を求めよ．

（3） $\displaystyle\lim_{n\to\infty} n a_n$ を求めよ． （東大）

---

問題は（3）なので，（1）（2）はざっと書くにとどめる．

【解説】

（1） $a_n = \dfrac{1}{b_n}$ より

$$\dfrac{1}{b_{n+1}} = \dfrac{\dfrac{1}{b_n}}{\left(1+\dfrac{1}{b_n}\right)^2} = \dfrac{1}{b_n\left(1+\dfrac{1}{b_n}\right)^2}$$

これより，

$$b_{n+1} = b_n\left(1+\dfrac{1}{b_n}\right)^2 = b_n + 2 + \dfrac{1}{b_n} > b_n + 2$$

$$(\because \quad \text{各} \ a_n, \ b_n \ \text{は正})$$

$b_1 = 2$ だから

$$b_n > b_{n-1} + 2 = b_{n-2} + 4 > \cdots > b_1 + 2(n-1) = 2n$$

（2）（これは $1 + \dfrac{1}{2} + \dfrac{1}{3} + \cdots\cdots$ と $\log x$ の比較の典型題で）

$a_n = \dfrac{1}{b_n} \leqq \dfrac{1}{2n}$ より，

$$\dfrac{1}{n}(a_1 + \cdots + a_n) \leqq \dfrac{1}{2n}\left(1 + \dfrac{1}{2} + \cdots + \dfrac{1}{n}\right)$$

$$\leqq \dfrac{1}{2n}\left(1 + \int_1^n \dfrac{1}{x}\,dx\right) = \dfrac{1}{2}\left(\dfrac{1}{n} + \dfrac{\log n}{n}\right)$$

ここで，～～＞0 であり，$n\to\infty$ とすると，

$$0\leqq\lim_{n\to\infty}\frac{1}{n}(a_1+\cdots+a_n)\leqq\lim_{n\to\infty}\frac{1}{2}\left(\frac{1}{n}+\frac{\log n}{n}\right)=0$$

よって，ハサミウチの原理で，極限値は **0** である．

（**3**） これが本問の華だ．もう一度

$$b_{n+1}=b_n+2+\frac{1}{b_n}\quad\cdots\cdots\cdots\cdots\cdots\cdots\cdots\cdots\cdots\cdots\cdots\cdots\cdots\cdots\cdots\cdots\cdots\cdots\;☆$$

をよく観察しよう．

ここで，作問者の意図に気づくはずだ．

$b_{n+1}-b_n$ の形が自然と生じているのである．そこで，例によって書き並べてみよう．

$\dfrac{1}{b_n}$ は $a_n$ と書くと，右図のようになり，結局，

$$\frac{1}{a_{n+1}}=b_{n+1}=\sum_{i=1}^{n}a_i+2n+2$$

$$\therefore\quad a_n=\frac{1}{\displaystyle\sum_{i=1}^{n-1}a_i+2n}$$

$$
\begin{aligned}
b_{n+1}-b_n&=a_n+2\\
b_n-b_{n-1}&=a_{n-1}+2\\
b_{n-1}-b_{n-2}&=a_{n-2}+2\\
\vdots\quad&\qquad\vdots\\
+)\;\;b_2-b_1\;&=\quad a_1+2\\
\hline
b_{n+1}-b_1&=\sum_{i=1}^{n}a_i+2n
\end{aligned}
$$

が得られる．あとは，$n$ をかけて $n\to\infty$ とするだけだ．

（2）を利用すると答えは

$$\lim_{n\to\infty}na_n=\lim_{n\to\infty}\frac{n}{\displaystyle\sum_{i=1}^{n-1}a_i+2n}=\lim_{n\to\infty}\frac{1}{\dfrac{1}{n}\displaystyle\sum_{i=1}^{n-1}a_i+2}=\frac{1}{2}$$

となる．

$$*\qquad\qquad *\qquad\qquad *$$

以上2問のように，$a_{n+1}-a_n$ がすごく小さい数になるときには，$a_{n+1}-a_n=f(n)$（各 $f(n)$ は微小）の形の漸化式を与えて，これを評価させる問題はつくりやすい．

### 3. 数列は関数の1種である

　ところで，あらためて問うてみよう．数列とは何だろうか？　1つの答え
は次のようだ.

　「数列とは，定義域を自然数とする関数である」

　成程そうか！

　例えば数列 $\{a_n\}$

$$3,\quad 5,\quad 4,\quad 1,\quad 2,\quad 3$$

は，「$n\text{-}a_n$ 平面」（!?）に表すと，右図の
ようになる．（本当は●だけなのだがあえ
て●同士を破線でつないだ）

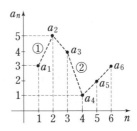

　今度は $\{a_n\}$ の階差をとってみよう.

　すると第1階差は，「傾き」にあたるこ
とがわかる．例えばグラフで①の部分の
傾き2は，第1階差 $5-3=2$，②の部分
の傾き $-3$ は $1-4$ にあたる（図と階差の
表で確かめよ）.

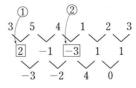

　では，第2階差は何にあたるのか？

　実は凹凸にあたる．第2階差の正，負
それぞれに応じて，数列のグラフは，右
のように

　　正…下に凸，　負…上に凸

となる．（0なら直線）

上に凸

下に凸

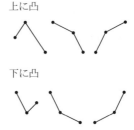

　これ以上の深入りはしないが，何だか関
数の微分法に似ていないだろうか？

　実際，数列は関数の一種であり，階差を
とることは微分に対応し（傾きがわかる！），第2階差をとることは2次導
関数を求めること（凹凸がわかる）に対応する.

　このアナロジーは本質的でとても有効だ.

---

## 問題 5

数列 $a_1$, $a_2$, $a_3$, … に対し，新しい数列 $b_1$, $b_2$, $b_3$, … を次の漸化式で定義する.

$$b_1 = a_1, \quad b_2 = a_2 b_1 - 1, \quad b_{n+2} = a_{n+2} b_{n+1} - b_n \quad (n = 1, 2, 3, \cdots)$$

（1） すべての $a_n$ が 2 以上の自然数であれば，$b_{n+1} > b_n$ が成り立つことを示せ.

（2） すべての $a_n$ が 2 以上の自然数とする. 等式 $b_{N+1} = 2b_N + 2$ をみたす自然数 $N$ があるとき，初めの $N+1$ 項 $a_1$, $a_2$, …, $a_{N+1}$ を決定せよ.
（阪大）

---

## 【解説】

（1） $b_2 - b_1 = (a_2 - 1)b_1 - 1 = (a_2 - 1)a_1 - 1 \geqq 1 > 0$

$n \geqq 2$ のときは，$(a_n \geqq 2$ を用いて)

$b_{n+1} - b_n = (a_{n+1} - 1)b_n - b_{n-1} \geqq b_n - b_{n-1}$ であり

$b_{n+1} - b_n \geqq b_n - b_{n-1} \geqq \cdots \geqq b_2 - b_1 > 0$ より示される.

（2） $b_{n+1} - b_n$ は「傾き」にあたることを考えよう.

（1）より，$b_{n+1} - b_n \geqq b_n - b_{n-1}$ だが，等号が成立するのは，$a_{n+1} = 2$ のときに限る.

それ以外は（$n$-$b_n$ 平面にこの数列を表すところを思いうかべよう）

$$b_{n+1} - b_n = (b_n - b_{n-1}) + \underline{(a_{n+1} - 2)b_n}$$

で，──部は 1 以上だから，傾きは，左から右に見ていくとき，区間 $[n-1, n] \to [n, n+1]$ で $b_n$ 以上増える.

（1）から，$b_n \geqq n+1$ はすぐわかるから，$a_{n+1}$ が 3 以上のときは，傾きはかなり増えそうだ.

そこで，$b_{N+1} = 2b_N + 2$ を $b_{N+1} - b_N = b_N + 2$ として考えてみよう. これを $a_{N+1} = 4$ の場合の $b_{N+1} = 4b_N - b_{N-1}$ つまり，$b_{N+1} - b_N = \underline{(b_N - b_{N-1})} + 2b_N$ と比較する.

~~~~部 $> 0$ だから，この場合は $b_N + 2 = 2b_N + (1$ 以上の数$)$ となって，「これはおかしいのでは？」と直観的にわかるはずだ.

すると，どうやら $a_{N+1} = 3$ ではないかと見当がつく.

実際，$a_{N+1} = 2$ とすると，

$$b_{N+1} = a_{N+1} b_N - b_{N-1} = 2b_N - b_{N-1} \neq 2b_N + 2$$

28

で矛盾．$a_{N+1} \geqq 4$ とすると，

$$b_{N+1} = a_{N+1}b_N - b_{N-1} \geqq 2b_N + (b_N - b_{N-1}) + b_N$$
$$\geqq 2b_N + 1 + 2 = 2b_N + 3$$

となり，やはり，$b_{N+1} = 2b_N + 2$ とはならないから，$a_{N+1} = 3$ と決まる．このとき，

$$b_{N+1} = 3b_N - b_{N-1} = 2b_N + 2 \ \ \text{より，} \ \ b_N - b_{N-1} = 2 \ \ (\text{傾きが2！})$$

（1）より「傾き」は常に非減少で，しかも増えるときは，かなり
（$n+1 \geqq 2$ 以上）増えるから，結局，「傾き」ははじめから，$b_N - b_{N-1}$ まで，常に2でなければならない．

よって，$b_2 - b_1 = a_2b_1 - a_1 - 1 = (a_2 - 1)a_1 - 1 = 2$ であり，これをみたすのは，$a_1 = 3$，$a_2 = 2$ のみ．

あとは，「傾き」が同じままだから，$a_k \ (k = 2, \cdots, N)$ はずっと2のままで，答えは，

**$a_1 = 3$，$a_2 \sim a_N$ はすべて 2，$a_{N+1} = 3$** となる．

＊　　　　＊　　　　＊

相当に感覚的すぎる解説をしたが，式の抽象さに閉口したときは，むやみに式をいじるより，意味や感覚的理解に戻った方がよいことも多いのだ．

では最後に本質的な良問を．

---

**問題6**

非負実数からなる数列 $\{a_n\}$ があり，任意の自然数 $k$ について，

$$a_k - 2a_{k+1} + a_{k+2} \geqq 0, \quad a_1 + a_2 + \cdots + a_k \leqq 1$$

をみたしている．このときすべての自然数 $k$ に対して

$$0 \leqq a_k - a_{k+1} < \frac{2}{k^2}$$

であることを示せ．

(SLP)

---

**【解説】**

はじめの式は第2階差数列 $\geqq 0$，即ちこの数列が常に下に凸であることを表す（第2次導関数のようなもの）．

そこで，ある自然数 $k$ に対し，万が一，$a_{k+1} > a_k$ になったら，そこからの「傾き」は常に増加で，$k$ 番目以降の項は常に $a_k$ を越える．

$k$ 番目以降の項は無限にあるから，$a_1+a_2+\cdots+a_n$ は，$n\to\infty$ とすれば，必ず1を越えてしまう．

よって任意の $k$ について $a_k\geqq a_{k+1}$ で，これは示すべき不等式の左側にあたる．

次に示すべき不等式の右側にとりかかろう．仮に

$$a_k-a_{k+1}\geqq\frac{2}{k^2}$$

として矛盾を導けばよい．

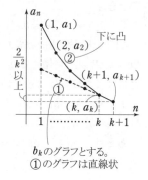

$b_k$ のグラフとする。
①のグラフは直線状

数列を $n$-$a_n$ 平面上にグラフとして表したとき，下に凸であることから，

$n=1$，2，……，$k$ において，常に $a_k\geqq b_k$（$b_k$ については図参照）．よって，

$a_1+a_2+\cdots+a_k$

$\geqq b_1+b_2+\cdots+b_k=b_k+b_{k-1}+\cdots\cdots+b_1$

$\geqq\dfrac{2}{k^2}(1+2+\cdots+k)=\dfrac{2}{k^2}\cdot\dfrac{k(k+1)}{2}=1+\dfrac{1}{k}>1$

となって矛盾する．

実際に答案を書くときは，このような感覚をもとに例えば次のように書く．

\* \* \*

$a_k-2a_{k+1}+a_{k+2}\geqq0$ のとき，$a_{k+2}-a_{k+1}\geqq a_{k+1}-a_k$ ……………………①

よって，仮に $a_{l+1}-a_l>0$ となる $l$ が存在すれば，$k>l$ のとき $a_k\geqq a_{l+1}>0$ であり，$n>l$ のとき

$$a_1+a_2+\cdots+a_n>a_1+a_2+\cdots+a_l+\overbrace{a_{l+1}+a_{l+1}+\cdots+a_{l+1}}^{(n-l)個}\geqq(n-l)a_{l+1}\cdots②$$

$n\to\infty$ のとき，②$\to\infty$ であるから，任意の $n$ に対して $a_1+a_2+\cdots+a_n\leqq1$ であることに矛盾．

よって，$a_{l+1}>a_l$ となる $l$ は存在せず，任意の $n$ について $a_n\geqq a_{n+1}$ …③ が成り立つ．これは示すべき不等式の左側と同値である．

次に，右側の不等式を示す．$a_k-a_{k+1}\geqq\dfrac{2}{k^2}$ となる $k$ が存在すると仮定すると矛盾することを示せばよい．

任意の $n$ に対して，$A_n(n, a_n)$ とおく．③により，線分 $A_n A_{n+1}$ の傾き
は 0 以下で，①により，その傾きは $n$ の非減少数列であり，先程の図のよ
うになる．直線 $A_k A_{k+1}$ 上の点 $B_n$ を $B_n(n, b_n)$ $(n=1, 2, \cdots, k+1)$ と
すると，$B_n$ $(n=1, 2, \cdots, k)$ の $y$ 座標は $A_n$ の $y$ 座標以下であるから，

$a_1 + a_2 + \cdots + a_k$

$\geqq b_1 + b_2 + \cdots + b_k = b_k + b_{k-1} + \cdots + b_1$

$\geqq \dfrac{2}{k^2}(1 + 2 + \cdots + k) = \dfrac{2}{k^2} \cdot \dfrac{k(k+1)}{2} = 1 + \dfrac{1}{k} > 1$

となって矛盾する.

# §3 背景のある漸化式

大雑把に分類するなら，数列 $\{a_n\}$ を決定する方法には 2 種類ある．

① $a_n$（一般項）を $n$ の式で表す．

② $a_1 \to a_2 \to a_3 \to \cdots$ と順に数列を構成していく規則を与える．（漸化式や言葉で与える）

このうち，難関大学では②で，しかもちょっとパターンから外れたものが好まれる傾向にある．典型的な漸化式では差がつかないし，何といっても，他分野との融合問題を作りたいからだ．

そこで今回は，ちょっといわくありげな漸化式のタイプを 3 つとりあげる．

## 1．背景は平均

AM-GM の不等式と略称されるものがある．AM は相加平均，GM は相乗平均で，2 つの正の実数 $a$, $b$ の相加平均は $\dfrac{a+b}{2}$，相乗平均は

$\sqrt{ab}\ \left(=(ab)^{\frac{1}{2}}\right)$ だ．

$$\mathrm{AM-GM}=\frac{a+b}{2}-\sqrt{ab}=\frac{(\sqrt{a}-\sqrt{b})^2}{2}\geqq 0$$

だから，一般に，AM≧GM（等号成立は $a=b$ のとき）が成り立つ．ところで，ここで，$a$, $b$ の代わりにその逆数を代入すると，

$$\frac{\frac{1}{a}+\frac{1}{b}}{2}\geqq\sqrt{\frac{1}{ab}}\Longleftrightarrow \sqrt{ab}\geqq \boxed{\frac{1}{\frac{\frac{1}{a}+\frac{1}{b}}{2}}}\ \left(=\frac{2ab}{a+b}\right)$$

となる．この破線で囲った部分を調和平均 HM という．

すなわち，AM≧GM≧HM（$a=b$ のとき等号成立）

これを背景とした漸化式がいくつかある．

$0 < a \leqq b$ をみたす実数 $a$, $b$ に対し,数列 $\{a_n\}$, $\{b_n\}$ を,

$$a_1 = a, \quad b_1 = b, \quad a_n = \sqrt{a_{n-1}b_{n-1}}, \quad b_n = \frac{a_{n-1} + b_{n-1}}{2}$$

によって定める.すべての自然数 $n$ に対し,

$$b_{n+1} - a_{n+1} \leqq \frac{1}{8a_n}(b_n - a_n)^2$$

が成り立つことを示せ. (京大)

これは簡単な問題だ.

- 2数(正数)$a$,$b$ を与える.
- それを $\{a_n\}$,$\{b_n\}$ の初項とする.
- 次の $\{a_n\}$,$\{b_n\}$ の項の組は,一項前の
  ペアのそれぞれ相乗平均,相加平均とする.

ということで,上の数直線の図からも

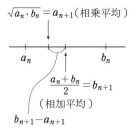

「$b_n - a_n$」という区間の幅は,どんどん縮ま

っていくことが予想できるだろう.$n \to \infty$ とするとこの区間の幅は 0 に収束し,$\lim_{n \to \infty} a_n = \lim_{n \to \infty} b_n = k$(定数)となるのだが,この $k$ の値を求めるのは,実は困難だ.

そこで,区間が縮小する「はやさ」を問題としようというのが,本問の興味である.

【解説】

$$b_{n+1} - a_{n+1} = \frac{a_n + b_n}{2} - \sqrt{a_n b_n} = \frac{(\sqrt{b_n} - \sqrt{a_n})^2}{2}$$

$$\therefore \quad \frac{1}{8a_n}(b_n - a_n)^2 - (b_{n+1} - a_{n+1})$$

$$= \frac{(\sqrt{b_n} - \sqrt{a_n})^2(\sqrt{b_n} + \sqrt{a_n})^2 - 4a_n(\sqrt{b_n} - \sqrt{a_n})^2}{8a_n}$$

$$= \frac{(\sqrt{b_n} - \sqrt{a_n})^2}{8a_n}\{(b_n - a_n) + 2\sqrt{a_n}(\sqrt{b_n} - \sqrt{a_n})\} \geqq 0$$

となって題意は示された.

$$* \qquad * \qquad *$$

もっと短く書ける式変形もあるが上記程度で十分だろう.ちなみに原題に

は，「$a=100$，$b=900$ のとき，$b_n-a_n<4$ をみたす最小の $n$ を求めよ」というおまけがついていた．答は $n=4$ で，区間の幅がはじめは，
$800$ $(=900-100)$ だったことを考えると，随分はやく幅が小さくなっていくものだ．この解答を以下に書いておこう．

$a_1=100$，$b_1=900$ より，$a_2=300$，$b_2=500$，$a_3=100\sqrt{15}$，$b_3=400$
ここで，$3.8^2<15<3.9^2$ より，$3.8<\sqrt{15}<3.9$
よって，$380<a_3<390$ だから，$10<b_3-a_3<20$
すると，問題1で $n=3$ として，

$$b_4-a_4\leqq\frac{1}{8a_3}(b_3-a_3)^2<\frac{20^2}{8\cdot100\sqrt{15}}=\frac{1}{2\sqrt{15}}<4$$

したがって，求める $n$ は $\boldsymbol{n=4}$

---

**問題2**

$a_0>b_0>0$ を満たす実数 $a_0$，$b_0$ に対して数列 $\{a_n\}$，$\{b_n\}$ を次の漸化式で定める

$$a_{n+1}=\frac{a_n+b_n}{2},\quad b_{n+1}=\frac{2a_nb_n}{a_n+b_n}\ (n=0,\ 1,\ 2,\ \cdots)$$

（1） $0<a_{n+1}-b_{n+1}<\dfrac{a_n-b_n}{2}$ を示せ．

（2） $\displaystyle\lim_{n\to\infty}a_n$ を求めよ（収束は前提にしてよい）．

---

今度は，2数の「AM，HM」の組が数列の次の組となっていくという趣向の漸化式だ．（1）は前題同様，区間の幅（AM－HM）がどんどん狭くなっていくことを示させるわけだが，注目すべきは（2）だ．

果たして $\displaystyle\lim_{n\to\infty}a_n=\lim_{n\to\infty}b_n=k$ は具体的に求まるか？

**【解説】**

（1） 左側の不等式は AM≧HM で等号成立がないことをいえばよいだけなので省略．

$$右辺-中辺=\frac{a_n-b_n}{2}-\left(\frac{a_n+b_n}{2}-\frac{2a_nb_n}{a_n+b_n}\right)$$

$$=\frac{b_n(a_n-b_n)}{a_n+b_n}>0$$

（2）（1）は区間の幅が，前の半分より小さくなることを意味する．従って，$n \to \infty$ とすれば，区間の幅は，$(a_0 - b_0)\left(\dfrac{1}{2}\right)^n \to 0$ に近づくわけで，$a_n$ と $b_n$ が $n \to \infty$ のとき，同じ値に収束することがわかるだろう．

では，どんな値に収束するのか？　式の形をよく見ると巧い手がある．

$$a_{n+1}b_{n+1} = \frac{a_n + b_n}{2} \cdot \frac{2a_n b_n}{a_n + b_n} = a_n b_n$$

だから，帰納的に $a_n b_n = a_{n-1}b_{n-1} = \cdots = a_0 b_0$（!!）が成立するのだ．よって $n \to \infty$ として，$\lim\limits_{n \to \infty} a_n \cdot \lim\limits_{n \to \infty} b_n = a_0 b_0$ より $\lim\limits_{n \to \infty} a_n = \lim\limits_{n \to \infty} b_n = k$ とすると

$$k^2 = a_0 b_0 \quad \therefore \quad k = \sqrt{a_0 b_0}$$

となって，$\lim\limits_{n \to \infty} a_n = \boldsymbol{\sqrt{a_0 b_0}}$ である．

＊　　　　＊　　　　＊

「平均の漸化式」にはそれほどバラエティーはないが，もう1つよく扱われる面白い例がある．次のタイプに対する北大の誘導はなかなか粋だ．

---

**問題3**

正の実数 $r$ と $-\dfrac{\pi}{2} < \theta < \dfrac{\pi}{2}$ の範囲の実数 $\theta$ に対して

$$a_0 = r\cos\theta, \quad b_0 = r$$

とおく．$a_n$, $b_n$（$n = 1, 2, 3, \cdots$）を次の漸化式で定める．

$$a_n = \frac{a_{n-1} + b_{n-1}}{2}, \quad b_n = \sqrt{a_n b_{n-1}}$$

（1）$\dfrac{a_1}{b_1}$, $\dfrac{a_2}{b_2}$, $\dfrac{a_n}{b_n}$ を $n$, $\theta$ の式で表せ．

（2）$\theta \neq 0$ のとき，$\lim\limits_{n \to \infty} a_n = \lim\limits_{n \to \infty} b_n = \dfrac{r\sin\theta}{\theta}$ を示せ．　　　　（北大）

---

一見，問題1と似ているが，よく見ると漸化式の添え字が一カ所だけ $n-1$ から $n$ に化けている，これが大きな違いを生んで，収束する値がわかるという趣向だ．

【解説】

（1）$a_1 = \dfrac{r(1 + \cos\theta)}{2} = r\cos^2\dfrac{\theta}{2}$, $\quad b_1 = \sqrt{a_1 b_0} = r\cos\dfrac{\theta}{2}$

$$a_2 = \frac{r\cos\dfrac{\theta}{2}\left(1+\cos\dfrac{\theta}{2}\right)}{2} = r\cos\frac{\theta}{2}\cos^2\frac{\theta}{4}$$

$$b_2 = \sqrt{a_2 b_1} = r\cos\frac{\theta}{2}\cos\frac{\theta}{4}$$

$$\therefore\quad \frac{a_1}{b_1} = \cos\frac{\theta}{2},\quad \frac{a_2}{b_2} = \cos\frac{\theta}{4}$$

この過程で,

$$a_n = r\cos\frac{\theta}{2}\cos\frac{\theta}{4}\cos\frac{\theta}{8}\cdots\cos\frac{\theta}{2^{n-1}}\cos^2\frac{\theta}{2^n}$$

$$b_n = r\cos\frac{\theta}{2}\cos\frac{\theta}{4}\cos\frac{\theta}{8}\cdots\cos\frac{\theta}{2^{n-1}}\cos\frac{\theta}{2^n}$$

（$n \geqq 1$）と推測できる（これを帰納法で示すのは楽なのでそこは省略）.

よって $\dfrac{a_n}{b_n} = \cos\dfrac{\theta}{2^n}$ （$n \geqq 0$）

（2） $n \to \infty$ のとき $\dfrac{\theta}{2^n} \to 0$ だから $\displaystyle\lim_{n\to\infty}\frac{a_n}{b_n} = 1$  $\cdots\cdots\cdots\cdots\cdots\cdots\cdots$①

ここで

$$2^n\left(\sin\frac{\theta}{2^n}\right)b_n = 2^{n-1}\cdot r\cos\frac{\theta}{2}\cdot\cdots\cdot\cos\frac{\theta}{2^{n-1}}\left(2\cos\frac{\theta}{2^n}\sin\frac{\theta}{2^n}\right)$$

$$= 2^{n-1}\cdot r\cos\frac{\theta}{2}\cdot\cdots\cdot\cos\frac{\theta}{2^{n-1}}\sin\frac{\theta}{2^{n-1}}$$

$$= 2^{n-2}\cdot r\cos\frac{\theta}{2}\cdot\cdots\cdot\cos\frac{\theta}{2^{n-2}}\left(2\cos\frac{\theta}{2^{n-1}}\sin\frac{\theta}{2^{n-1}}\right)$$

$$= \cdots = r\sin\theta$$

$$\left(2\cos\frac{\theta}{2^k}\sin\frac{\theta}{2^k} = \sin\frac{\theta}{2^{k-1}} \text{ をくりかえし用いた}\right)$$

だから, $b_n = \dfrac{\dfrac{\theta}{2^n}}{\sin\dfrac{\theta}{2^n}}\cdot\dfrac{r\sin\theta}{\theta}$ で $\dfrac{\theta}{2^n} \to 0$ （$n \to \infty$）より

$$\lim_{n\to\infty}b_n = 1\cdot\frac{r\sin\theta}{\theta} = \frac{r\sin\theta}{\theta}$$

これと①より, $\displaystyle\lim_{n\to\infty}a_n = \lim_{n\to\infty}b_n = \frac{r\sin\theta}{\theta}$

\*　　　　\*　　　　\*

36

有名タイプの漸化式だが，初項を本問のようにおくと，高校範囲でも表現
できる極限値が出る．面白い出題だった．

## 2．枝分かれ→群数列タイプの漸化式

次の2問は偶数，奇数番号の項で漸化式が異なる．

---

**問題 4**

数列 $\{a_n\}$ は次の漸化式をみたしている．
$$a_1=0,\ a_2=1,\ a_{2n+1}=2a_n,\ a_{2n+2}=a_n+a_{n+1}$$
このとき，$a_{3\cdot 2^{k-1}}$ を $k$ の式で表せ．

(早大・社)

---

この手の問題は§1で扱ったよう
にまず実験だ．すると，右にまとめ
たようになる．

| | |
|---|---|
| $a_1$ | 0 |
| $a_2 \sim a_3$ | 1 0 |
| $a_4 \sim a_7$ | 1 2 1 0 |
| $a_8 \sim a_{15}$ | 1 2 3 4 3 2 1 0 |
| $a_{16} \sim a_{31}$ | 1 2 … 7 8 7 … 2 1 0 |

どうやら，これは群数列となり，

　1群…1項　0
　2群…2項　1 0
　3群…4項　1 2 1 0
　　　　⋮

$n$ 群…$2^{n-1}$ 項　1 2 ……$2^{n-2}$……2 1 0
のようになるらしいと見当がつく．

$n$ 群目は，はじめが1で，以下1ずつ増えて $2^{n-2}$ まで到り，そこから1
ずつ減少して最後は0になるらしい．

見当はついても，これを証明するのは意外に大変だ．そこで，しばらく考
えて自分なりに証明方法を考えたら次の解説を見てもらおう．

【解説】

① はじめの数項はすべて，連続する2項の差（の絶対値）が1である．
$$a_{2n+1}-a_{2n}=2a_n-(a_{n-1}+a_n)=a_n-a_{n-1}$$
$$a_{2n+2}-a_{2n+1}=(a_{n+1}+a_n)-2a_n=a_{n+1}-a_n$$
だから，帰納的に，この数列の連続する2項の差は常に1である．

② $1\to 3\to 7\to 15\to 31\to \cdots$ の順に，これらの数字を添え字とする数列の
項はすべて0である．これは，1からはじめ，前の数を2倍してから1を
足す操作で得られていく（$a_1=0$ と $a_{2n+1}=2a_n$（添え字が $n\leftrightarrow 2n+1$）よ
り分かる）．つまり，この数列の $2^k-1$ 番目の項は0である．

③ この数列の $2$, $5$, $11$, $23$, $47$, $\cdots$ 番目の項は順に

$1$, $2$, $2^2$, $2^3$, $2^4$, $\cdots$ となる.

$\underline{2 \to 5 \to 11 \to 23 \to 47 \to \cdots}$ は前の数に $2$ をかけて $1$ を足すことによって得られる.これと漸化式 $a_{2n+1}=2a_n$ より帰納的に上記がいえる.

数列〰〰〰の一般項は,容易に $k$ 番目が,$3 \cdot 2^{k-1}-1$ であることが示せるので,$a_{3 \cdot 2^{k-1}-1}=2^{k-1}$

＊       ＊       ＊

さて,②より,$a_{2^k-1}=0$ であり,この項から $2^{k-1}$ 番目の項が $a_{3 \cdot 2^{k-1}-1}=2^{k-1}$ だ.①より隣り合う $2$ 項の差は $1$ だから,$a_{2^k-1}$ から $a_{3 \cdot 2^{k-1}-1}$ まではどんどん $1$ ずつ増えるしかない.一方,同様に,$2^{k+1}-1$ 番目の項が $a_{2^{k+1}-1}=0$ で,$a_{3 \cdot 2^{k-1}-1}$ から $2^{k-1}$ 番目の項が $a_{2^{k+1}-1}=0$ だから,この間は $\{a_n\}$ は $1$ ずつ減りつづけるほかない.(値 $2^{k-1}$ から,$1$ ずつ減って $2^{k-1}$ 回目でようやく $0$ まで戻るということ).

以上が,問題4の数列 $\{a_n\}$ が,$1 \to 2^k \to 0$ をくりかえしながら,順に「2倍規模」にふくれていく数列になるカラクリの説明だ.

うっかり問題に直接関係のない議論までしてしまったが,$a_{3 \cdot 2^k-1}=a_{3 \cdot 2^{k-1}-1}-1=2^{k-1}-1$ が答えとなる.

---

**問題5**

数列 $\{a_n\}$ は,$a_1=1$,$a_{2n}=2a_n-1$,$a_{2n+1}=2a_n+1$ をみたす.

（1） $n=2^m$ のとき,$a_n$ を求めよ.

（2） $n=2^m+r$ $(r=1, 2, \cdots, 2^m-1)$ のとき $a_n$ を求めよ.　（一橋大）

---

ともかく実験してみると,右のように,やはり,きれいな規則性が出てくる.

これは,帰納法で片づけよう.

**【解説】**

（1） 命題 P:$n=2^m$ $(m \geqq 0)$ のとき $a_n=1$ を示す.

$m=0$ のとき,$a_1=1$ となり成り立つ.

| | |
|---|---|
| $a_1$ | $1$ |
| $a_2 \sim a_3$ | $1\ 3$ |
| $a_4 \sim a_7$ | $1\ 3\ 5\ 7$ |
| $a_8 \sim a_{15}$ | $1\ 3\ 5\ 7\ 9\ 11\ 13\ 15$ |
| $a_{16} \sim a_{31}$ | $1\ 3\ 5 \cdots\cdots\cdots 29\ 31$ |

$m=k$ ($k \geqq 0$) のときの成立，つまり $a_{2^k}=1$ を仮定すると，与えられた漸化式より

$$a_{2^{k+1}}=2a_{2^k}-1=2 \times 1-1=1$$

となり $k+1$ のときも成立．

以上より，帰納法を用いて，命題 P は示された．

（2） 命題 Q：$n=2^m+r$ ($r=1, 2, \cdots, 2^m-1$) のとき

$$\boldsymbol{a_n=2r+1}$$

を示す．

$m=1$ のときの成立．（$r=1$ のみで，$a_{2+1}=2+1=3$）

$m \leqq k$ のときの成立を仮定する．このとき，$m=k+1$ のときの成立を示そう．

これを示すには，<u>$a_{2^{k+1}}$ から $a_{2^{k+2}-1}$ まで，1 項ごとに 2 ずつ増える</u>ことを示せばよい．与えられた漸化式から

① $r$ が奇数のとき　$2^{k+1}+r$ も奇数で，$2^{k+1}+r=2t+1$ とおけば，

$$a_{2t+1}-a_{2t}=(2a_t+1)-(2a_t-1)=2$$

② $r$ が偶数のとき　$2^{k+1}+r$ は偶数，$2^{k+1}+r=2t$ とおけば，

$$a_{2t}-a_{2t-1}=(2a_t-1)-(2a_{t-1}+1)=2(a_t-a_{t-1})-2 \quad \cdots\cdots\cdots\cdots ☆$$

ここで，$r=2s$ とおけば，

$$☆=2(a_t-a_{t-1})-2=2(a_{2^k+s}-a_{2^k+s-1})-2$$

であるから，$1 \leqq s \leqq 2^k-1$ ($2 \leqq r \leqq 2^{k+1}-2$，$r$ は偶数) のとき，☆の値は<u>帰納的に 2 に等しい．</u>

（詳しくいえば $2[2s+1-\{2(s-1)+1\}]-2=2$ だが，第 $k$ 群の中の連続する 2 つの項が常に 2 ずつ増えているので，――部ぐらいの方がわかりやすいだろう）．

以上より，――部が示されたので，命題 Q が成立する．

＊　　　　　＊　　　　　＊

大分くどく書いたが，とどのつまりは，各群の先頭の項が 1 で，あとは 1 項ごとに 2 ずつ増加することをいえばよいのだ．

以上 2 例扱ったが，偶数番号の項と奇数番号の項で漸化式が異なるものには，こうした「群数列」，特にはじめから 1，2，4，8，… 項ごとに群をなすものが多い．

## 3. 漸化式の背景は互除法

右の計算を見てもらおう. 2数59と26に対して, 59を26で割って余り7を出し, 次に26をその余り7で割って, …というように, 計算をつづけていき, 最後に余りが0になったら, 操作をストップする.

$$59 = 2 \times 26 + 7$$
$$26 = 3 \times 7 + 5$$
$$7 = 1 \times 5 + 2$$
$$5 = 2 \times 2 + 1$$
$$2 = 2 \times 1 \,(+0)$$

これがいわゆる「ユークリッドの互除法」で, 整数問題ではいろいろ応用がある. これを背景とした数列の問題も, 入試では時折見かけられる.

---

**問題6**

条件 $a \geqq b$ をみたす正の整数 $a$, $b$ から数列 $\{r_n\}$ を $r_1 = a$, $r_2 = b$, $n \geqq 3$ に対して,

$$r_n = \begin{cases} r_{n-2} \text{ を } r_{n-1} \text{ で割った余り} & (r_{n-1} > 0 \text{ のとき}) \\ 0 & (r_{n-1} = 0 \text{ のとき}) \end{cases}$$

によって定める. また数列 $\{f_n\}$ を $f_1 = 0$, $f_2 = 1$, $f_n = f_{n-1} + f_{n-2}$ $(n \geqq 3)$ によって定める. このとき, 以下のことがらを示せ.

(1) $r_N > 0$, $r_{N+1} = 0$ となる整数 $N$ が存在する.

(以下, $N$ はこの整数を表すものとする.)

(2) $r_{N+2-k} \geqq f_k$ $(k = 1, 2, \cdots, N+1)$

(3) $f_{n+1} \geqq \left(\dfrac{3}{2}\right)^{n-2}$ $(n = 1, 2, \cdots)$

(4) $N \leqq 2 + \log_{\frac{3}{2}} a$

(阪大)

---

$a = 59$, $b = 26$ として計算してみよう. これが互除法を背景とした問題だということが感覚的にわかるはずだ.

では $N$ とは何か? これは, 互除法の回数 (割り算の回数) に1を足した数になる. ($a = 59$, $b = 26$ のとき $r_7 = 0$ で割り算は5回)

つまり本問は, 互除法の回数を考えてみようというテーマなのだ.

ところで, 数列 $f$ とは何だろう. これは, 0, 1, 1, 2, 3, 5, 8, … とつづく数列で, 通常のものとは添え字が1つずれているが, 有名なフィボナッチ数列だ.

では互除法の回数とフィボナッチ数列の関係とは?

たとえば，互除法の回数を 5 にする場合，$r_1$ として考えうる最小の数は何か？

　$r_6＝1$ とし，各割り算の商をすべて 1（最後だけ 2）にすればよさそうだ．このとき，復元していくと，

$$r_5＝2 （＝2×1），\ r_4＝3 （＝1×2＋1），\ r_3＝5 （＝1×3＋2），$$
$$r_2＝8 （＝1×5＋3），\ r_1＝13 （＝1×8＋5）$$

となり，1，2，3，5，8，13 はフィボナッチ数列となる．これがテーマの問題なのだ．

## 【解説】

（1）　この数列は有限の自然数 $r_1$（$>0$）からはじまり，$r_2$ からは 1 項ごとに必ず 1 以上減る．負になることはないからいつかは必ず 0 となり，最初に 0 になる前の番号を $N$ とすればよい．

（2）　数学的帰納法で示す．

　$k＝1$ のとき，$r_{N+1}＝f_1 （＝0）$ で成立．

　$k＝2$ のとき，$r_N≧1＝f_2$ で成立．

　$k≦n$ での成立を仮定する．すなわち，

$$r_{N+2-i}≧f_i （i＝1, 2, \cdots, n） \quad\cdots\cdots\cdots☆$$

このとき，$k＝n+1$ としての成立を示せばよい．

$$r_{N+2-(n+1)}＝r_{N-n+1}$$

　ここで，$r_{N-n+3}$ は $r_{N-n+1}$ を $r_{N-n+2}$ で割った余りだから，

$$r_{N-n+1}≧r_{N-n+2}+r_{N-n+3} \quad\cdots\cdots\cdots①$$

　☆で $i＝n-1$，$n$ とすると $r_{N-n+3}≧f_{n-1}$，$r_{N-n+2}≧f_n$ だから①から，

$$r_{N-n+1}≧f_n+f_{n-1}＝f_{n+1}$$

となり，$k＝n+1$ のときも成立．

（3）　これも帰納法だ．$n＝1$，2 のときの成立は各自確かめてください．

　$n≦k （k≧2）$ の成立を仮定して，$n＝k+1$ のときの成立を示そう．

$$f_{k+2}＝f_{k+1}+f_k≧\left(\frac{3}{2}\right)^{k-2}+\left(\frac{3}{2}\right)^{k-3}＝\left(\frac{3}{2}\right)^{k-3}\cdot\frac{5}{2}>\left(\frac{3}{2}\right)^{k-1}$$

となって成立する．

（4）　（2）で $k＝N+1$ とすると，

$$a＝r_1≧f_{N+1}≧\left(\frac{3}{2}\right)^{N-2}$$

両辺の底を $\dfrac{3}{2}$ とする対数をとって整理すれば，めでたく示すべき式となる．

# §4  2次の漸化式

フィボナッチ数列は実に不思議な数列だ.

$a_1=a_2=1,\ a_{n+2}=a_{n+1}+a_n\ (n\geqq1)$ で定められる数列で, 実に単純そうに見えるのに, 不思議な結果をいろいろもつ.

$$1,\ 1,\ 2,\ 3,\ 5,\ 8,\ 13,\ 21,\ 34,\ 55,\ \cdots$$

数十年前のある日, 私は教室で生徒達に課題を出した.

「何でもいいから, フィボナッチ数列の面白い性質を自力で見つけなさい」というものだ.

するとしばらくして一人が手をあげ,

「$1^2-1\times2=-1,\ 2^2-1\times3=1,\ 3^2-2\times5=-1,\ 5^2-3\times8=1,$
$8^2-5\times13=-1\ \cdots$ 以下 1 と $-1$ が交互に現われます!」

成程, 有名な性質も自分で見つければ一層興味深い.

すると次の生徒が手をあげ,

「$3^2-1\times8=1,\ 5^2-2\times13=-1,\ 8^2-3\times21=1\ \cdots$
以下同様です!  ついでに, $5^2-1\times21=4=2^2,\ 8^2-2\times34=-4=-2^2\ \cdots$」

生徒の頭は柔らかい. 実に面白いとみなで理由を考えていたところ, 沈黙を守っていた一人の生徒が,

「$a_{n+1}{}^2-a_n\cdot a_{n+2}=(-1)^n$ なら, $a_1=a_2=1,\ a_{n+2}=\dfrac{a_{n+1}{}^2-(-1)^n}{a_n}$ という

漸化式からもフィボナッチ数列が生まれるハズですね」と言い出した.

今回の話題は, これにまつわる話だ.

## 1. 横浜国大, 2次の漸化式にハマる

2000 年代前半, 横浜国大は上記の話題のテーマを2題も出した. ついでに 2007 年度にも出題した. 7年で3題も出題したのだから, 多分このテーマに凝っていた出題者がいたのだろうと思う.

普通同一テーマは避けるものだが, ここまでやると見事だ. 年代順にたどるだけで一通りの学習ができる.

**問題1**

数列 $\{a_n\}$ は

$$a_1 = a_2 = 1, \quad a_n a_{n+2} - a_{n+1}{}^2 = (-1)^{n+1} \quad (n=1, 2, \cdots)$$

により定まる．次の（1），（2）を示せ．

（1） $a_{n+2} = a_{n+1} + a_n$ $(n=1, 2, \cdots)$ である．

（2） $m$ が自然数のとき $a_{6m}$ は 8 の倍数である．

これは，フィボナッチ数列そのものだ．

**【解説】**

（1） 同型（左辺と右辺で形が一緒の式で，添え字だけ 1 つ進むものの意）
を作るのが数列問題の 1 つのコツ．

大まかな方針として帰納法になる．

命題 P：$a_{n+2} = a_{n+1} + a_n$ $(n=1, 2, 3, \cdots)$ が成り立つ

を帰納法で示す．

$n=1$, 2 のときは，（与えられた漸化式から計算すると $a_3 = 2$, $a_4 = 3$ となるので）成り立つ．

$n \leq k$ で $a_{n+2} = a_{n+1} + a_n$ が成立することを仮定して，$n = k+1$ のときの成立を示せばよい．

与えられた漸化式から，

$$a_k a_{k+2} - a_{k+1}{}^2 = (-1)^{k+1}, \quad a_{k+1} a_{k+3} - a_{k+2}{}^2 = (-1)^{k+2}$$

両式を辺々足して整理すると（同型を作る）

$$a_{k+1}(a_{k+3} - a_{k+1}) = a_{k+2}(a_{k+2} - a_k)$$

さらに右辺は，$a_{k+2} = a_{k+1} + a_k$ より，$a_{k+2} a_{k+1}$

帰納法の仮定と $a_1 = a_2 = 1$ から $a_{k+1} > 0$ だから両辺を $a_{k+1}$ で割り，

$$a_{k+3} - a_{k+1} = a_{k+2} \qquad \therefore \quad a_{k+3} = a_{k+2} + a_{k+1}$$

となって，$n = k+1$ のときも成立．よって命題 P は示された．

（2） これはオマケの整数問題．$a_1$ から順に 8 で割った余りを書き並べていくと，

$$\underline{1, \; 1}, \; 2, \; 3, \; 5, \; 0, \; 5, \; 5, \; 2, \; 7, \; 1, \; 0, \; \underline{1, \; 1}, \; 2, \; 3, \; 5, \cdots$$

のように，$a_6$, $a_{12}$ を 8 で割った余りは 0．

余りは，（——部のように，1, 1 の並びが再び出てくるところから循環するので）12 項を 1 周期としてくりかえす．よって $a_{6m}$ を 8 で割った余りは 0．

$$* \qquad * \qquad *$$

これが基本型なのだが，2度目の出題で問題は進化した．

---

**問題2**

　数列 $\{a_n\}$ を $a_1=1$, $a_2=2$ と関係式 $a_{n+2}=3a_{n+1}-a_n$

$(n=1, 2, \cdots)$ で定めるとき，次の問いに答えよ．

（1）　$a_n<a_{n+1}$ $(n=1, 2, \cdots)$ が成り立つことを示せ．

（2）　$a_{n+1}{}^2+1=a_na_{n+2}$ $(n=1, 2, \cdots)$ が成り立つことを示せ．

（3）　$x^2+1$ が $y$ で割り切れ，かつ $y^2+1$ が $x$ で割り切れるような正の
　　　整数の組 $(x, y)$ は無数に存在することを証明せよ．

---

　今度はフィボナッチ数列ではないが，

$$a_{n+2}=pa_{n+1}+qa_n \quad \cdots\cdots\cdots\cdots\cdots\cdots\cdots\cdots\cdots\cdots\cdots① $$

の形（3項間線型1次の漸化式と呼ばれる）をしていて，①で，
$p=3$, $q=-1$ としたものが与えられている．

　とりあえず，解いてみよう．

**【解説】**

（1）　$0<a_n<a_{n+1}$ が帰納法で容易に示せるので省略．

（2）　$a_{n+1}{}^2-a_na_{n+2}=a_n{}^2-a_{n-1}a_{n+1}$ $(n=2, 3, \cdots)$ $\cdots\cdots\cdots\cdots\cdots②$

を示したい．

$$\begin{aligned}
②の左辺-右辺&=(a_{n+1}{}^2+a_{n+1}a_{n-1})-(a_na_{n+2}+a_n{}^2)\\
&=a_{n+1}(a_{n+1}+a_{n-1})-a_n(a_{n+2}+a_n)\\
&=a_{n+1}\cdot 3a_n-a_n\cdot 3a_{n+1}=0
\end{aligned}$$

　　　　　　　　　　（ここで漸化式 $a_{n+2}+a_n=3a_{n+1}$ を使った）

となるので，②は成立．これと $a_2{}^2-a_1a_3=2^2-1\cdot5=-1$ から，与式が成立．

（3）　（2）より，$a_{n+1}{}^2+1=a_na_{n+2}$ 

$$a_{n+2}{}^2+1=a_{n+1}a_{n+3}$$ 　　　$(n=1, 2, 3, \cdots)$

だから，$a_{n+1}{}^2+1$ は $a_{n+2}$ で割り切れ，$a_{n+2}{}^2+1$ は $a_{n+1}$ で割り切れる．

　ここで，省略した（1）が利いてくる．

　$(x, y)=(a_{n+1}, a_{n+2})$ は与えられた条件をみたすが，$a_n$ は単調増加なので，このような組は無数に存在するわけだ．

44

$$* \qquad * \qquad *$$

　オマケに整数問題をつけるところまで首尾一貫しているが，今度の整数問題はなかなか粋である．

　それにしても，何だか，この2問は雰囲気が似ている．ひょっとしたら，①の形の漸化式には，②のような「2次の形の漸化式」を対応させる一般論があるのかもしれない．…というわけで，一般論に近いところまでいった入試問題を研究してみよう．

## 2. 2次の形の漸化式と3項間漸化式

> **問題3**
>
> 　$s$ は実数で，$s>2$ とする．数列 $\{a_n\}$ の各項は0でなく次の条件（ⅰ），（ⅱ）をみたすとする．
> 　（ⅰ）　$a_1=1$, $a_2=s$
> 　（ⅱ）　$a_{n+1}{}^2 - a_n a_{n+2} = 1$ $(n \geqq 1)$
> 　（1）　$a_n + a_{n+2} = \dfrac{a_{n+1}(a_{n-1}+a_{n+1})}{a_n}$ ……① を示せ．
> 　（2）　$a_n + a_{n+2} = s a_{n+1}$ $(n \geqq 1)$ ……② を示せ． 　　　　（大阪市大）

　ここらで一題，「横浜国大以外」を入れておこう．

**【解説】**

（1）　①式を変形すると，$a_n{}^2 + a_n a_{n+2} = a_{n+1}(a_{n-1}+a_{n+1})$ …………③

　（ⅱ）より，$a_n a_{n+2} = a_{n+1}{}^2 - 1$ を用いて③を変形すると，

$$a_n{}^2 + a_{n+1}{}^2 - 1 = a_{n+1}{}^2 + a_{n+1}a_{n-1} \cdots\cdots\cdots\cdots\cdots\cdots\cdots ④$$

　これを示せばよいわけだが，④ $\Longleftrightarrow$ $a_n{}^2 - a_{n-1}a_{n+1} = 1$ で，これは（ⅱ）で $n$ に $n-1$ を代入したものに等しいから成り立つ．

（2）　示された①式を変形すると，

$$\frac{a_n + a_{n+2}}{a_{n+1}} = \frac{a_{n-1}+a_{n+1}}{a_n}$$

となり左右の辺が同型だ．これをくりかえし使うと，

$$\frac{a_n + a_{n+2}}{a_{n+1}} = \frac{a_{n-1}+a_{n+1}}{a_n} = \frac{a_{n-2}+a_n}{a_{n-1}} = \cdots = \frac{a_1+a_3}{a_2} \cdots\cdots\cdots\cdots ⑤$$

ここで，（ii）より $a_2{}^2-a_1a_3=1$ だから $a_3=s^2-1$ を使って，⑤の値は $s$ と出る．

よって，$a_n+a_{n+2}=sa_{n+1}$ $(n\geqq1)$

＊　　　　＊　　　　＊

この問題は，一般論を考えるときの手がかりとなる．

数列 $\{a_n\}$ を $a_1=s$，$a_2=t$，$a_{n+2}=pa_{n+1}+qa_n$ $(n\geqq1)$ で定めてみよう．

これから横浜国大好みの2次の漸化式を作るには，次のようにすればよい．

$a_{n+3}=pa_{n+2}+qa_{n+1}$ より，$a_{n+3}-qa_{n+1}=pa_{n+2}$

$a_{n+2}=pa_{n+1}+qa_n$ より，$a_{n+2}-qa_n=pa_{n+1}$

両式から $p$ を消去すれば，

$$a_{n+1}(a_{n+3}-qa_{n+1})=a_{n+2}(a_{n+2}-qa_n)$$

これを式変形して

$$a_{n+1}a_{n+3}-a_{n+2}{}^2=(-q)(a_na_{n+2}-a_{n+1}{}^2)$$

これをくりかえし使って添え字をどんどんと1ずつ小さくしていくと，

$$\begin{aligned}
a_na_{n+2}-a_{n+1}{}^2&=(-q)(a_{n-1}a_{n+1}-a_n{}^2)\\
&=(-q)^2(a_{n-2}a_n-a_{n-1}{}^2)\\
&=\cdots=(-q)^{n-1}(\underline{a_1a_3-a_2{}^2})\quad\cdots\cdots\cdots\cdots\cdots(*)
\end{aligned}$$

ここで，〜〜〜部分は，定数である．

問題を作るときには，$q$ は $\pm1$，$a_1a_3-a_2{}^2$ の部分もなるべく簡単な数にしたいということになる．

かくして，$a_na_{n+2}-a_{n+1}{}^2=(\pm1)^{n-1}\times$（定数）タイプの漸化式ができるわけだ．

一方横浜国大はというと一寸違った方向に進んでいた．

---

**問題 4**

数列 $\{a_n\}$ を $a_1=a$，$a_2=b$，$a_{n+2}=pa_{n+1}-a_n$ $(n\geqq1)$ で定める．ただし，$a$，$b$，$p$ は実数とする．

（1）すべての自然数 $n$ に対して，$a_{n+1}{}^2-pa_{n+1}a_n+a_n{}^2=a^2-pab+b^2$ を示せ．

（2）$|p|<2$ のとき，$a_n{}^2\leqq\dfrac{4(a^2-pab+b^2)}{4-p^2}$ を示せ．

---

まずは解いてみよう．式変形にはもう慣れたろう．

【解説】

（1）　$a_{n+2}{}^2 - p a_{n+2} a_{n+1} + a_{n+1}{}^2$

$= a_{n+2}(a_{n+2} - p a_{n+1}) + a_{n+1}{}^2$

$= (p a_{n+1} - a_n)(-a_n) + a_{n+1}{}^2$　（←漸化式を使った）

$= a_{n+1}{}^2 - p a_{n+1} a_n + a_n{}^2$

となり，添え字が1つ落ちて同型の式となった．これをくりかえして使うと，

$$a_{n+1}{}^2 - p a_{n+1} a_n + a_n{}^2 = a_n{}^2 - p a_n a_{n-1} + a_{n-1}{}^2$$
$$= \cdots\cdots = a_2{}^2 - p a_2 a_1 + a_1{}^2 = a^2 - pab + b^2$$

（2）　$|p| < 2$ より $4 - p^2 > 0$

そこで，示すべき不等式の両辺に $(4 - p^2)$ をかけて，$a^2 - pab + b^2$ に $a_{n+1}{}^2 - p a_{n+1} a_n + a_n{}^2$ を代入（（1）より）した次の☆式を示せばよい．

$$(4 - p^2) a_n{}^2 \leqq 4(a_{n+1}{}^2 - p a_{n+1} a_n + a_n{}^2) \cdots\cdots\cdots\cdots\cdots\cdots\cdots☆$$

☆ $\Longleftrightarrow p^2 a_n{}^2 - 4 p a_{n+1} a_n + 4 a_{n+1}{}^2 \geqq 0$ だが，左辺は $(p a_n - 2 a_{n+1})^2$ と平方完成できるので，示された．

＊　　　　＊　　　　＊

面白いのは（1）だ．これも，一般化してみたくなる．

初項 $a_1$，次が $a_2$，漸化式 $a_{n+2} - p a_{n+1} + q a_n = 0$ の形をした数列について，$a_{n+1}{}^2 - p a_{n+1} a_n + q a_n{}^2$ の値には何かいえることがあるのだろうか？

研究してみよう．（1）と同様な式変形で，

$$a_{n+2}{}^2 - p a_{n+2} a_{n+1} + q a_{n+1}{}^2$$
$$= a_{n+2}(a_{n+2} - p a_{n+1}) + q a_{n+1}{}^2$$
$$= (p a_{n+1} - q a_n) \cdot (-q a_n) + q a_{n+1}{}^2$$
$$= q(a_{n+1}{}^2 - p a_{n+1} a_n + q a_n{}^2)$$　（添字が1つ落ちた!!）

より，

$$\underline{a_{n+1}{}^2 - p a_{n+1} a_n + q a_n{}^2 = \cdots = q^{n-1}(a_2{}^2 - p a_2 a_1 + q a_1{}^2)}$$

となる．うーん，複雑な式だ．

だが…がっかりしないでほしい．実は，

$$a_{n+1}{}^2 - p a_{n+1} a_n + q a_n{}^2 = a_{n+1}{}^2 - a_n(p a_{n+1} - q a_n)$$
$$= a_{n+1}{}^2 - a_n a_{n+2}$$

となり，──部は，$a_{n+1}{}^2 - a_n a_{n+2} = q^{n-1}(a_2{}^2 - a_1 a_3)$ と書き直される．

問題3も問題4も結局は同じテーマを扱っていたのだ.

## 3. 応用問題

そこで, 軽めのものから重量感のあるものまで, いくつかの応用問題をといてみよう. まずは軽いものから.

**問題5**

数列 $\{a_n\}$ は $a_1 = a_2 = a_3 = 1$, $a_{100} = 148$ であり, $n \geq 2$ のとき,
$a_n a_{n+3} - a_{n+1} a_{n+2} = -(a_{n-1} a_{n+2} - a_n a_{n+1})$ かつ $a_n \neq 0$ を満たしている.
この数列の一般項 $a_n$ を求めよ.　　　　　　　　　　　　　　(群馬大)

これは今までの式変形の経験から類推して, すぐに解いてほしい.

【解説】

漸化式を変形すると,

$$a_n(a_{n+3} - a_{n+1}) = a_{n+2}(a_{n+1} - a_{n-1})$$

$$\therefore \quad \frac{a_{n+3} - a_{n+1}}{a_{n+2}} = \frac{a_{n+1} - a_{n-1}}{a_n} \quad \cdots\cdots\cdots\cdots\cdots\cdots\cdots☆$$

となる. これをくりかえし使うと,

$$\frac{a_{101} - a_{99}}{a_{100}} = \frac{a_{99} - a_{97}}{a_{98}} = \frac{a_{97} - a_{95}}{a_{96}} = \cdots = \frac{a_3 - a_1}{a_2} = 0$$

となり, $\{a_n\}$ の奇数番目の項について,

$$a_1 = a_3 = a_5 = \cdots = a_{97} = a_{99} \quad (\neq 0) \quad \cdots\cdots\cdots\cdots\cdots\cdots①$$

次に☆をもう一度くりかえし使うと,

$$\frac{a_{100} - a_{98}}{a_{99}} = \frac{a_{98} - a_{96}}{a_{97}} = \cdots = \frac{a_4 - a_2}{a_3}$$

ここで, ①を用いると,

$$a_{100} - a_{98} = a_{98} - a_{96} = \cdots\cdots = a_4 - a_2 \quad (= k \text{ とおく})$$

となり, 偶数番目の項, $a_2$, $a_4$, $a_6$, $\cdots\cdots$, $a_{98}$, $a_{100}$ は等差数列とわかる.
$a_2 = 1$, $a_{100} = 148$ だから, 上記の $k$ の値が3であることはすぐわかる. そこで答えは,

$$\begin{cases} \text{奇数番目の項} & \boldsymbol{a_{2n-1} = 1} \\ \text{偶数番目の項} & \boldsymbol{a_{2n} = 1 + 3(n-1) = 3n - 2} \end{cases} (n = 1, 2, \cdots)$$

$$* \qquad\qquad * \qquad\qquad *$$

本問は比較的楽だったが，次の2問はちょっと大変だ.

---

**問題6**

各項が整数からなる数列 $\{a_n\}$ は

$$a_1=2, \quad a_2=7, \quad -\frac{1}{2}<a_{n+1}-\frac{a_n^{\,2}}{a_{n-1}}\leqq\frac{1}{2}\quad\cdots\cdots① \quad (n\geqq2)$$

をみたしている. $n>1$ について, $a_n$ は奇数であることを示せ. （SLP）

---

漸化不等式①の形には，何となく見覚えがあるだろう. だが，これをまともに相手にするのは大変だ.

まずは実験で最初の数項を求めると

$$2, \quad 7, \quad 25, \quad 89, \quad 317, \quad \cdots$$

となる，①の形から，「もしかしたら，この数列は3項間1次の漸化式をみたすのではないか？」と考えて，

$$a_{n+2}=pa_{n+1}+qa_n$$

となるような $p$, $q$ を必死にさがすと，どうやら，

$$a_{n+2}=3a_{n+1}+2a_n \quad (a_1=2, \ a_2=7)\quad\cdots\cdots\cdots\cdots\cdots②$$

はここまでの実験結果をみたす漸化式だ.

これが何とか，すべての場合に成立してほしい…

【解説】

$-\dfrac{1}{2}+\dfrac{a_n^{\,2}}{a_{n-1}}<a_{n+1}\leqq\dfrac{1}{2}+\dfrac{a_n^{\,2}}{a_{n-1}}$ で左辺と右辺の差は1だから，整数 $a_{n-1}$,
$a_n$ を与えたとき，整数 $a_{n+1}$ は一意に決まる. よって，題意の決め方をした数列 $\{a_n\}$ は一通りしかない.

そこで，②の形の漸化式をもった数列が $\{a_n\}$ に一致することを示す.

②の形の漸化式をもった数列を $\{c_n\}$ とおくと，

$$c_{n+2}=3c_{n+1}+2c_n \quad (n\geqq1) \ (c_1=2, \ c_2=7)\quad\cdots\cdots\cdots\cdots\cdots③$$

で，p.46 の一般論（$*$）より，

$$c_{n-1}c_{n+1}-c_n^{\,2}=(-2)^{n-2}(c_1c_3-c_2^{\,2})=(-2)^{n-2}$$

一方，各 $c_n$ は明らかに正で，$c_2>2^2$, $c_3>2^3$, 以下，漸化式をみると，明らかに添え字が1増すごとに $c_n$ は2倍以上に増えるので，$c_{n-1}>2^{n-1}$

以上より，$\{c_n\}$ は $\left|\dfrac{c_{n-1}c_{n+1}-c_n{}^2}{c_{n-1}}\right|<\left|\dfrac{(-2)^{n-2}}{2^{n-1}}\right|=\dfrac{1}{2}$ をみたす．

以上より，③の形の漸化式をもつ，$\{c_n\}$ は，①をみたし，初項が 1，第 2 項が 7 でかつ①をみたす数列は 1 通りしかないので，$\{c_n\}$ と $\{a_n\}$ は一致する．

よって，$a_{n+2}=3a_{n+1}+2a_n$（$n\geqq1$）で，これを mod 2 で眺めると，
$$a_{n+2}\equiv a_{n+1}\ (\text{mod}\,2)\ (n\geqq1)$$

よって，$n\geqq2$ では $a_n$ は mod 2 で $a_2$ に合同であり，$a_2$ は奇数だから，$a_n$ は，$n\geqq2$ ですべて奇数である．

---

**問題7**

各項が整数から成る数列 $\{a_n\}$ が，
$$a_0=0,\ a_1=1,\ a_n=2a_{n-1}+a_{n-2}\ (n=2,\ 3,\ \cdots)$$
で定められている．

$n$ を素因数分解したとき，2 の指数が $m$（$m$ は 0 以上の整数）とするとき，$a_n$ を素因数分解したときの 2 の指数もちょうど $m$ であることを示せ．ただし，$n$ は 2 以上の整数とする．　　　　　　　（SLP）

---

これは難しいが，やり方も沢山あり，やり甲斐はある．ともあれ，実験してみよう．

| $a_0$ | $a_1$ | $a_2$ | $a_3$ | $a_4$ | $a_5$ | $a_6$ | $a_7$ | $a_8$ | $a_9$ | $a_{10}$ | $\cdots$ |
|---|---|---|---|---|---|---|---|---|---|---|---|
| 0 | 1 | 2 | 5 | 12 | 29 | 70 | 169 | 408 | 985 | 2378 | $\cdots$ |

フィボナッチ数列に似た形だから，何か類似性はないかと考えて，p.42 をみてほしい．同じような性質が成り立つのだ．試してみると，

「$a_n{}^2-a_{n-1}a_{n+1}=(-1)^{n+1}$」，「$a_n{}^2-a_{n-2}a_{n+2}=(-1)^n2^2$」

「$a_n{}^2-a_{n-3}a_{n+3}=(-1)^{n+1}5^2$」，「$a_n{}^2-a_{n-4}a_{n+4}=(-1)^n12^2$」

これらから，次のスゴイ式が予想できる．

$$a_n{}^2-a_{n-k}a_{n+k}=(-1)^{n-k}a_k{}^2\ (ただし\ k\leqq n)\cdots\cdots\cdots\cdots\cdots☆$$

仮にこの式が合っていれば（実は正しい），$n\Rightarrow n+1$ として，
$a_{n+1}{}^2-a_{n+1-k}a_{n+1+k}=(-1)^{n-k+1}a_k{}^2$ で $k=n-1$ とし，
$$a_{n+1}{}^2-a_2a_{2n}=a_{n-1}{}^2$$
よって，

$$2a_{2n} = a_{n+1}{}^2 - a_{n-1}{}^2 = (a_{n+1} - a_{n-1})(a_{n+1} + a_{n-1}) = 2a_n \cdot 2(a_n + a_{n-1})$$

より，$a_{2n} = 2a_n(a_n + a_{n-1})$ ………………………………………☆☆

となり，本問を解く有力な手がかりが得られる．

しかし，☆を簡潔に高校範囲で導くのは容易ではないので私は断念した（行列がないのは痛い…）．

直接☆☆を導くアクロバットを紹介しよう．

## 【解説】

2 地点 A，B と 3 つの道 $P$，$Q$，$R$ を考える（右図）．$P$，$Q$ は一方通行．$R$ はどちらにも通行可能である．はじめ（0 秒）に，動点 X は B にいるものとし，1 秒ごとに 3 つの道のどれかをたどって，点 A か点 B に行くという操作をくりかえす．

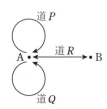

$n$ 秒後に A にいる場合の数（それまでの道順の数）を，$a_n$ とすると，

$$a_0 = 0, \quad a_1 = 1, \quad a_n = 2a_{n-1} + a_{n-2} \quad (n = 2, 3, \cdots)$$

は容易にわかるだろう．

ところで，$2n$ 秒後に A にいる場合の数 $a_{2n}$ の内訳は

① $n$ 秒後に A にいて（$a_n$ 通り），その $n$ 秒後に A にいる（はじめ B にいて，$n+1$ 秒後に A にいるのと同じことだから $a_{n+1}$ 通り）… この場合は $a_n a_{n+1}$ 通り．

② $n-1$ 秒後に A にいて，1 秒で B に戻り，その $n$ 秒後に A にいる … $a_{n-1} a_n$ 通り．

のどちらかのケースで，

$$a_{2n} = a_n a_{n+1} + a_{n-1} a_n = 2a_n(a_n + a_{n-1})$$

さて，$a_n \equiv a_{n-2} \pmod 2$ で $a_1 = 1$（奇数）だから，$n$ が奇数のとき，$a_n$ は奇数．$a_2 = 2$（偶数）だから $n$ が偶数のとき，$a_n$ が偶数は，すぐわかる．

では帰納法で題意を示そう．

$n = 2$ については題意は成立している．

$n \leq k$ での成立を仮定するとき，$a_{k+1}$ は $k+1$ が奇数なら奇数．$k+1$ が偶数なら，$k+1 = 2t$ とおけ，$a_{k+1} = a_{2t} = 2a_t(\underline{a_t + a_{t-1}})$ で $\underline{\phantom{xxx}}$ は奇数．よって，$a_{k+1}$ を素因数分解したときの 2 の指数は $a_t$ を素因数分解したときの 2 の指数より 1 増える．これはまさしく題意が成り立つことを示している．

# §5  2進法と数列

　数列の問題は融合問題の世界だ．整数，三角比，ベクトル，微積分など，様々な『数』が規則的に並びうる．

　今回は整数の $n$ 進法，特に 2 進法が数列の素材となっている例を集中的に眺めていこう．

（以下 $n$ 進法の定義は知っているものとして話を進めます．10 進法で整数を表すとき，たとえば 54013 は $5 \times 10^4 + 4 \times 10^3 + 1 \times 10 + 3$ のことですが，同様に $n$ 進法は各位の桁が $0 \sim (n-1)$ の数字から成り，$n\,(\geqq 6)$ 進法で 54013 とは $5 \times n^4 + 4 \times n^3 + 1 \times n + 3$ のことです．）

## 1．数字 1 の個数と桁の数

　はじめに 2 進法の計算で，3 点ほど慣れておくべきことを挙げる．

① 　10 進法の 2，つまり 2 進法の 10 をかけるということは，末尾に 0 をつけるということである．

　　例えば，2 進法の 110101 に 2 進法の 10 をかけると，1101010 となる．

② 　整数を 2 進法で表した場合，偶数は最後に 0 がつき，奇数は最後に 1 がつく．偶数に 1 を足すときは，最後の 0 を 1 に変えればよい．

③ 　$\underbrace{1000 \cdots 0}_{0 \text{が} n \text{個}}$ は 10 進法で $2^n$，$\underbrace{111 \cdots 1}_{1 \text{が} n \text{個}}$ は，$2^n - 1$ のことである．

＊　　　　＊　　　　＊

　どれもごく基本的な事項だが，ピンとくるようにしておいてほしい．そして次の問題の漸化式の意味を探ろう．

数列 $\{a_n\}$ が $a_1=1$, $n \geqq 1$ のとき $\begin{cases} a_{2n}=a_n \\ a_{2n+1}=a_n+1 \end{cases}$ ・・・・・・・・・・・・・・・☆

をみたすとする. このとき以下の問いに答えよ.

(1) $n$ が 2 のべき（$2^k$ のこと, $k=0$, 1, 2, ……）のとき, $a_n=1$ となることを示せ.

(2) $a_n=1$ ならば $n$ は 2 のべきであることを示せ. （千葉大）

いつも通り, 最初の数項を書き出す実験をしてみよう.

もちろん, はじめは 10 進法で書くと, 順に

    1  1  2  1  2  2  3  1  …

のようになる. これだけでは, 規則性はわからない. そこでヒントをあげよう.

順に 1, 2, 3, 4, 5, 6, 7, 8, … を 2 進法で表して, 上の数列と対応させてみよう.

$\begin{cases} 1 \quad 10 \quad 11 \quad 100 \quad 101 \quad 110 \quad 111 \quad 1000 \quad \cdots \\ 1 \quad 1 \quad \ \ 2 \quad \ \ \ 1 \quad \ \ \ \ 2 \quad \ \ \ \ 2 \quad \ \ \ \ 3 \quad \ \ \ \ \ 1 \quad \ \ \cdots \end{cases}$

よく観察すると何か規則性に気づかないだろうか?

【解説】

数列 $\{a_n\}$ の項 $a_n$ は, $n$ を 2 進法で表したときの数字 1 の個数である!

（…命題 P とする）

これを漸化式の意味と結び付けて考えてみよう.

① $a_{2n}=a_n$ について

$n \Rightarrow 2n$ と添え字は 2 倍になっている. $n$ を 2 進法で表した数を $\boxed{n}$ で表すと, $2n$ は $\boxed{n}\,0$ と表記される. この操作で数字 1 の個数は変化しないから, $a_{2n}=a_n$ はうなずける.（もちろん命題 P を念頭におく）

② $a_{2n+1}=a_n+1$ について

$n \Rightarrow 2n+1$ とした, 今度は $\boxed{n} \rightarrow \boxed{n}\,1$ と 2 進法での表記が変わり, 数字 1 の個数は 1 つ増える.

この場合も, 命題 P は成り立っている.

$*$ $\qquad$ $*$ $\qquad$ $*$

要するに漸化式☆は, 命題 P を念頭にこしらえられたものだったのだ. これがわかってしまえば(1)も(2)もあっけない.

$2^k$ を2進法で表せば $10\overbrace{\cdots\cdots0}^{0\,\text{が}\,k\,\text{個}}$ で1の数は1つだから $a_n=1$. 逆に2進法で数字1が1つしかない数は，$10\cdots\cdots0$ の形をしているので，2のべきである．

これがこのタイプの問いの基本型なのだが，次の問題は若干進化している．

---

**問題2**

数列 $\{a_n\}$ は $a_1=1$

$$a_n=\begin{cases} a_{\frac{n}{2}}+1 & (n\,\text{は2以上の偶数}) \\ a_{n-1}+1 & (n\,\text{は3以上の奇数}) \end{cases}$$

によって定められる．

$n$ が自然数 $m_1,\ m_2,\ \cdots,\ m_r\ (m_1<m_2<\cdots<m_r)$ により $n=2^{m_1}+2^{m_2}+\cdots+2^{m_r}$ と表されるとき，$a_n$ を求めよ． （立教大）

---

前問と同じような実験をし，表を作ってみよう．

| | $a_1$ | $a_2$ | $a_3$ | $a_4$ | $a_5$ | $a_6$ | $a_7$ | $a_8$ | $a_9$ | $a_{10}$ | $a_{11}$ | $a_{12}$ |
|---|---|---|---|---|---|---|---|---|---|---|---|---|
| 10進法 | 1 | 2 | 3 | 3 | 4 | 4 | 5 | 4 | 5 | 5 | 6 | 5 |
| 添え字<br>（2進法） | 1 | 10 | 11 | 100 | 101 | 110 | 111 | 1000 | 1001 | 1010 | 1011 | 1100 |

余白が少なく，$a_{12}$ までしか書けなかったが読者の方は $a_{16}$ くらいまではやってみてほしい．

何か規則性はないだろうか？

この規則性を見破るためには，経験か洞察力かどちらかが必要だ．経験派は次のようにするだろう．

添え字を2進法で表したときの数字1の個数は，順に

        1 1 2 1 2 2 3 1 2 2 3 2

これと実際の $a_n$ との差は，順に，

        0 1 1 2 2 2 2 3 3 3 3 3

のようになる．この数列の正体は何だろう？

あ！　添字を2進法で表したときの「桁の数−1」だ．

これにさえ気づいてしまえば，あとは楽だ．

54

【解説】

$n$ を2進法で表したとき，1の個数を $p$，桁数を $q$ とすれば，$a_n = p + q - 1$ である．

これを帰納法で示す．

$n = 1$，2の場合は成立．

$n \leq k$ のときの成立を仮定して $n = k + 1$ の場合の成立を示そう．

$k + 1$ が $2m$，つまり偶数のときは，漸化式より，

$$a_{k+1} = a_{2m} = a_m + 1$$

つまり，添え字 $m$ を2進法で表したとき，

$$\boxed{m} \rightarrow \boxed{m}\,0$$

と変化するので，桁数が1増える分，$a_{2m}$ は $a_m$ にくらべて，値が1増えている（数字1の個数は同じ）．よってこの場合は成立．

次に $k + 1$ が奇数のときは，漸化式は $a_{k+1} = a_k + 1$ となり，添え字 $k$ を2進法で表すと，$k$ は偶数だから $\boxed{k/2}\,0$ の形，$k + 1$ は $\boxed{k/2}\,1$ の形であり，今度は桁の数は変わらず，数字1の個数だけが1増えているから，やはり成立．

いずれの場合も，冒頭の主張は成立するので，この主張は帰納法により示された．

＊　　　　＊　　　　＊

あとはあてはめるだけ．問題文の $n$ について，$n$ を2進法で表したときの数字1の個数は $r$ 個，桁数は $m_r + 1$ だから，答は，**$r + m_r$** となる．

## 2. 「桁落とし」の問題

前問のように，整数の「桁数」について漸化式を作るのはよくあるテーマだ．

本節のテーマも「桁」に関係するのだが，「桁落とし」というのは私の造語なので，まず説明しておこう．

例えば，整数 51034 を整数 5103 にするにはどうしたらよいか．ガウス記号（☞注）[　] を用いて，

$$\left[ \frac{51034}{10} \right] = [5103.4] = 5103$$

とすればよい．

⇨**注**　ガウス記号 [　] は $[x]$ を $x$ 以下の最大整数に対応させる記号である．例えば，$[3.14] = 3$，$[5] = 5$

この記号を用いれば，自然数 $n$ の右端の数を取り去った新しい自然数を作りたいとき，つまり 10 進法で，

$$(N=)\ a_1a_2\cdots\cdots a_{n-1}a_n \longrightarrow a_1a_2\cdots\cdots a_{n-1}$$

としたいときに，まず $n$ を 10 で割ると，

$$a_1a_2\cdots\cdots a_{n-1}.a_n$$

となり，次に $[\quad]$ の中に入れると $0.a_n$ の部分が消失し，めでたく $a_1a_2\cdots\cdots a_{n-1}$ ができる．

この操作を私は「桁落とし」と勝手に名づけている．

次の 2 問は，2 進法での「桁落とし」を扱った問題．

---

**問題 3**

$N$ を 3 以上の自然数とし，$a_n$（$n=1,\ 2,\ \cdots$）を次の（ i ），（ ii ）をみたす数列とする．

（ i ） $a_1=2^N-3$

（ ii ） $n=1,\ 2,\ \cdots$ に対して，

$$
\begin{cases}
a_n\ \text{が偶数のとき，}\ a_{n+1}=\dfrac{a_n}{2} \\[2mm]
a_n\ \text{が奇数のとき，}\ a_{n+1}=\dfrac{a_n-1}{2}
\end{cases}
$$

このとき，どのような自然数 $M$ に対しても，

$$\sum_{n=1}^{M} a_n \leqq 2^{N+1}-N-5$$

が成り立つことを示せ．

（京大・改）

---

例えば 2 進法で表したとき 1101010 となる数は，この操作（漸化式）で，110101 となる．110111 は，奇数だから 1 を引いてまず，110110 となり，次に 2 で割って，11011 となる．

要するに 2 進法で数を表しておいて，右端の数字を「落としていく」というのがこの漸化式の意味だ．「2 進法の桁落とし」についての問題なのである．

以上を踏まえて，考えてみよう．

【解説】 $a_1=2^N-3$ は 2 進法では，

$$\underbrace{111111\cdots\cdots1101}_{N\ \text{桁}}$$

となる. よって $a_1$, $a_2$, $a_3$, … と順に書き並べると, 右図のようになる.

そこで考えると, $\sum\limits_{n=1}^{M} a_n$ が Max になるのは, $M=N$ のときで, 以後この値に変化はない.

さらに, よく見ると, $a_3$ 以降は2進法ですべての桁が1の数. すなわち10進法で $2^k-1$ の形の数だ. すると,

$$\begin{array}{ll}
a_1 & 111111\cdots1101 \\
a_2 & 111111\cdots110 \\
a_3 & 111111\cdots11 \\
a_4 & 111111\cdots1 \\
 & \quad\vdots \\
 & 111 \\
 & 11 \\
a_N & 1 \\
a_{N+1} & 0
\end{array}$$

（$a_{N+2}$ 以降は0）

$$\sum_{n=1}^{M} a_n \leqq \sum_{n=1}^{N} a_n = (2^N-3)+(2^{N-1}-2)+(2^{N-2}-1)$$
$$+(2^{N-3}-1)+\cdots\cdots+(2^3-1)+(2^2-1)+(2-1)$$
$$=\sum_{n=1}^{N} 2^n-5-(N-2)$$
$$=\frac{2(2^N-1)}{2-1}-5-(N-2)=2^{N+1}-N-5$$

となって題意は示された.

ではもう1題同じ趣向の問題を.

---

**問題4**

負でない整数 $N$ が与えられたとき,

$$a_1=N, \quad a_{n+1}=\left[\frac{a_n}{2}\right] \quad (n=1, \ 2, \ 3, \ \cdots)$$

として数列 $\{a_n\}$ を定める.

（1） $a_3=1$ となるような $N$ をすべて求めよ.

（2） $0\leqq N<2^{10}$ をみたす整数 $N$ のうちで, $N$ から定まる数列 $\{a_n\}$ のある項が2となるようなものはいくつあるか.

（3） 0から $2^{100}-1$ までの $2^{100}$ 個の整数から等しい確率で $N$ を選び, 数列 $\{a_n\}$ を定める. 次の条件（＊）をみたす最小の正の整数 $m$ を求めよ.

（＊） 数列 $\{a_n\}$ のある項が $m$ となる確率が $\dfrac{1}{100}$ 以下となる.

（名古屋大）

漸化式は「2進法桁落とし」そのものだ．もう詳しい説明は不要だろう．したがって問題文をうまく読みかえていけば，問題は比較的楽に解ける．

**【解説】**

（1）「2進法で3桁となるような整数をすべて求めよ」

ということで，10進法に直すと **4，5，6，7** の4つ．

（2）「2進法で10桁以下の整数で，先頭が『10』となるもの」の個数を求めればよい．

（先頭が10… の形なら，末尾の桁から順に落としていったとき，いつかは10，つまり10進法の2になる．）

2進法で2桁以上10桁以下の数は全部で $2^{10}-2=1022$ 個あり，先頭が10のものと11のものはそのうち同数あるので，答えは **511**（$=1022\div2$）**個**．

（3）（2）と同様に考えると，いつかは2進法表示で，100が現れる確率は，全体のほぼ $\dfrac{1}{2^2}$，1000が現れる確率はほぼ $\dfrac{1}{2^3}$ というように，$k$ 桁の数が現れる確率は全体のほぼ $\dfrac{1}{2^{k-1}}$ となる．$2^6=64<100<128=2^7$

だから，答は「2進法表示で8桁となる最小の数」で，$2^7=$ **128**．

⇨注　上記でほぼと書いたところで，「厳密な評価をしなければならないのではないか」と感じた人もいるかもしれないが $\dfrac{1}{100}$ と $\dfrac{1}{128}$ のひらきもかなり大きいので，誤差（$k$ 桁以下のものは抜かして考える）はほぼ無視できる程度の大きさである（特定の8桁の数が現れる確率 $p$ は，

$\dfrac{1}{2^7}-\dfrac{2^7}{2^{100}}\leqq p\leqq\dfrac{1}{2^7}$ を満たす）．

\*　　　　　\*　　　　　\*

このあたりの問題を見て，2進法を素材とした漸化式に違和感がなくなったら，難問を2題ほど解いてみよう．2題とも数学オリンピック関連から採ったものだ．

実は，数学オリンピックの候補問題には，このタイプの難問が山ほどある．中では易し目のものを選んだ．

## 3. 2進法漸化式の難問

問題5

自然数の集合から自然数の集合への関数 $f$ は次の条件を満たす.

$$f(1)=1, \quad f(2n)<6f(n) \quad \cdots\cdots\cdots\cdots\cdots\cdots ①$$
$$3f(n)f(2n+1)=f(2n)+3f(n)f(2n) \quad \cdots\cdots\cdots\cdots ②$$

このとき, $f(m)+f(n)=293$ となるような組 $(m, n)$ をすべて求めよ.

(中国数学奥林匹克)

ちなみに奥林匹克とはオリンピックのことだ. 本問は種明かしを最初にしてしまうと,「2進法表示の数を3進法で読み直す」という, ときたまあるテーマだ. $f(1)$ を $f_1$ と読みかえれば数列の問題である.

【解説】

Ⅰ. 第1段階（整数問題として漸化式を導くまで）

②を変形すると,

$$3f(n)f(2n+1)=f(2n)(3f(n)+1) \quad \cdots\cdots\cdots\cdots\cdots\cdots②'$$

ここで, $3f(n)$ と $3f(n)+1$ は1ちがいの整数だから互いに素なので, $f(2n)$ は $3f(n)$ で割り切れる.

ところが, ①より $f(2n)<6f(n)$ だから, $f(2n)$ を $3f(n)$ で割った商は1以外にありえない.

よって, $f(2n)=3f(n)$ $\quad \cdots\cdots\cdots\cdots\cdots\cdots\cdots\cdots\cdots\cdots③$

再び②'から, $f(2n+1)=3f(n)+1$ $\quad \cdots\cdots\cdots\cdots\cdots\cdots④$

Ⅱ. 第2段階（漸化式の意味を考える）

③を $f_{2n}=3f_n$, ④を $f_{2n+1}=3f_n+1$ と考えて, これら漸化式の意味を考えてみよう. すると,

・添字が $n \Rightarrow 2n$ と2倍となると $f_n \Rightarrow 3f_n$ と $f_n$ は3倍になり（3進法表示で1桁進み）,

・添字が $2n \Rightarrow 2n+1$ と偶数から, それより1大きい奇数になると, $3f_n \Rightarrow 3f_n+1$ と $f_n$ は1増える.

そこで, ③, ④より $f_1=1$ からはじめて, $f_n$ を3進法で書くと,

$$f_1=1, \ f_2=10, \ f_3=11, \ f_4=100, \ f_5=101, \ f_6=110, \ \cdots$$

のようになり, これを2進法表示と考えれば, この数列は10進法の 1, 2, 3, 4, 5, 6, … である. つまり, $f_n \ (=f(n))$ を求めるには,

「$n$ を 2 進法で表し，その数を（うっかりまちがえたふりをして？）3 進法表示として読み直せばよい」

（ちなみにこれは帰納法で容易に示せる.）

Ⅲ. $f_m + f_n = 293$ を解いて仕上げる.

293 を 3 進法表示すると 101212 となる. そこで，

「$m$, $n$ をそれぞれ 2 進法表示した数を（3 進法と誤読したふりをして）形式的に足すと 101212」

ということになる.

よって，$m$, $n$ は，2 進法表示で

$(m, n) = (101111, 101)$，$(101101, 111)$，
$\qquad\qquad (100111, 1101)$，$(100101, 1111)$

と，あとは $m$ と $n$ を逆にした 4 組である. すなわち 10 進法に直して，

$(\boldsymbol{m}, \boldsymbol{n}) = (\boldsymbol{47}, \boldsymbol{5})$，$(\boldsymbol{45}, \boldsymbol{7})$，$(\boldsymbol{39}, \boldsymbol{13})$，$(\boldsymbol{37}, \boldsymbol{15})$，
$\qquad\qquad (\boldsymbol{5}, \boldsymbol{47})$，$(\boldsymbol{7}, \boldsymbol{45})$，$(\boldsymbol{13}, \boldsymbol{39})$，$(\boldsymbol{15}, \boldsymbol{37})$

$$* \qquad\qquad * \qquad\qquad *$$

本問はⅡの部分が華だ.

添字の変化と，数式本体の変化を比較対照して意味を考えると，数列の構成がわかることが多い.

---

**問題 6**

自然数の集合から自然数の集合への関数 $f$ は次の条件を満たす.

$\qquad f(1) = 1$, $f(3) = 3$ で，

$\qquad f(2n) = f(n)$

$\qquad f(4n+1) = 2f(2n+1) - f(n)$

$\qquad f(4n+3) = 3f(2n+1) - 2f(n)$

（1）　$n$, $f(n)$ をそれぞれ $n = 1$ から 13 まで 2 進法表示し，対応させた表を作れ.

（2）　$n$ と $f(n)$ の関係を推測し，それを示せ.

（3）　$f(n) = n$ を満たす 2047 以下の $n$ の個数を求めよ.　　　（IMO, 改）

---

IMO の世界大会の問題だから原題は難しく，枝問がない上に，（3）の 2047 が 1988 だった.

だが違いはそれだけだ.

## 【解説】

（1）これは律儀に計算を実行するのみ

| $n$ | 1 | 10 | 11 | 100 | 101 | 110 | 111 | 1000 | 1001 |
|---|---|---|---|---|---|---|---|---|---|
| $f(n)$ | 1 | 1 | 11 | 1 | 101 | 11 | 111 | 1 | 1001 |

| $n$ | 1010 | 1011 | 1100 | 1101 |
|---|---|---|---|---|
| $f(n)$ | 101 | 1101 | 11 | 1011 |

（2）よく見ると，$n$ と $f(n)$ とで，1や0の列は左右が逆になっている．$n$ は 110 なら $f(n)$ は 011 で0をとって 11，$n$ が 1011 なら $f(n)$ は右から読んで 1101 といった具合だ．

この──部の予想は帰納的に示すことになる．

大筋を示そう．以下数はすべて2進法表示とし，$\overline{k}$ で $k$ を2進法表示した数を左右ひっくりかえした数を表すものとする．すると，$f(k)=\overline{k}$ を仮定すれば与えられた漸化式を用いて，

① $f(10\times k)=f(k)=\overline{k}=\overline{10\times k}$

② $f(100\times k+1)=f(k01)$

ここは $k$ の後に文字列 01 がつながっていると読みとる．以後～～の部分は同様

$$=10\times f(k1)-f(k)=10\times 1\overline{k}-\overline{k}=1\overline{k}0-\overline{k}$$
$$=10\,\overline{k}=\overline{k01}$$

③ $f(100\times k+11)=f(k11)=11\times f(k1)-10\times f(k)$
$$=11\times 1\overline{k}-10\times\overline{k}=1\overline{k}0+1\overline{k}-\overline{k}0=1\overline{k}0-\overline{k}0+1\overline{k}$$
$$=11\,\overline{k}=\overline{k11}$$

以上より，はじめの数項が $n$ に対して「2進法左右逆順」になっていれば，帰納的にそれ以降の数もそうなるわけだ．

（3）（2）より，$n$ を2進法表示で見たとき左右対称になるものの個数を数えればよい（これが $f(n)=n$ の意味）．

1桁の $n$ では1個，2桁では1個，3桁で2個，4桁で2個，5桁で4個，6桁で4個，7桁で8個，8桁で8個，9桁で16個，10桁で16個，11桁で32個あり，2047 は11桁の最後の数だから，そこまでを足して **94個** が答えとなる．

＊　　　　　＊　　　　　＊

このような問題を初等数学で考えつく人が沢山いるわけだから，やはり世界は広いね．

# §6 ガウス記号と数列

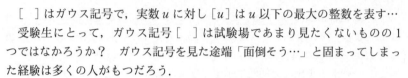

[ ] はガウス記号で，実数 $u$ に対し $[u]$ は $u$ 以下の最大の整数を表す…

受験生にとって，ガウス記号 [ ] は試験場であまり見たくないものの 1 つではなかろうか？　ガウス記号を見た途端「面倒そう…」と固まってしまった経験は多くの人がもつだろう.

では，実際ガウス記号の問題にお目にかかったら，基本的には何を考えればよいのだろうか.

Ⅰ．本質的には不等式の問と考え，定義にさかのぼる.

つまり，　　　　　　　　　$[x] \leqq x < [x]+1$ ……………………………$\boxed{1}$

あるいはこれを変形した　$x-1 < [x] \leqq x$ ……………………………$\boxed{2}$

を用いる.

Ⅱ．有名性質をいくつか証明ごと覚えて活用.

(A) $[x] + \left[x + \dfrac{1}{n}\right] + \left[x + \dfrac{2}{n}\right] + \cdots + \left[x + \dfrac{n-1}{n}\right] = [nx]$

(B) $\left[\dfrac{[nx]}{n}\right] = [x]$

　　((A), (B) とも $n$ は自然数, $x$ は実数)

Ⅲ．$[f(a)]$ を，$y = f(x)$ $(>0)$ と $x$ 軸にはさまれた直線 $x=a$ 上の格子点の数と対応させる.

(例) $\displaystyle\sum_{i=1}^{10}[\sqrt{i}]$ は右図黒点（格子点）

の個数と対応.

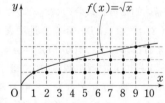

タテに左から，

　　$1+1+1+2+2+\cdots$

と数えるより，

　　$(10-1^2+1)+(10-2^2+1)+(10-3^2+1)=19$

とした方が（ヨコに数えた方が）はやい.

$\left(\displaystyle\sum_{i=1}^{100}[\sqrt{i}]$ くらいだと有難味がわかる$\right)$

　　　　　　　　*　　　　　　*　　　　　　*

ざっとこんなところだろうが，今回数列との関連でとりあげるのは，ほぼ I である．

## 1．基本に即して

とりあえず面倒ではあるが場合分けをして地道に解きたい問題から入ろう．

---

**問題 1**

与えられた自然数 $k$ に対し，数列 $\{a_n\}$ を

$$a_1 = 0, \quad a_n = \left[ \frac{a_{n-1} + k}{3} \right] \quad (n \geq 2) \cdots\cdots ☆$$

によって定める．

(1) $k=8$ および $k=9$ のとき，数列 $\{a_n\}$ を求めよ．

(2) すべての自然数 $n$ に対し，次の 2 つの不等式

$$a_n \leq \frac{k-1}{2} \cdots\cdots\cdots ① \qquad a_n \leq a_{n+1} \cdots\cdots\cdots ②$$

が成り立つことを示せ．

(3) $a_n = a_{n+1}$ ならば，$n$ 以上のすべての整数 $l$ に対し $a_n = a_l$ であることを示し，このときの $a_n$ の値を $k$ で表せ． （京大）

---

実験の誘導までついた親切な問題だ．

**【解説】**

(1) ともかく，どんどん計算してみると…

$k=8$ **のとき，** $a_1=0,\ a_2=2,\ a_n=3\ (n \geq 3)$

$k=9$ **のとき，** $a_1=0,\ a_2=3,\ a_n=4\ (n \geq 3)$

例えば $k=8$ のとき，$a_3=a_4=3$ となった時点で漸化式☆を用いた次の計算からは，その直前の計算のくり返しになることがわかる．

(2) ここで，「場合分け」を使ってみよう．

①の証明は帰納法を用いる．

$n=1$ のときは明らかに成立．次に $n$ のときの成立を仮定して，$n+1$ の場合を示す．

●$k$ が奇数のとき，$k=2m+1\ (m \geq 0)$ とおける．

$a_n \leq \dfrac{k-1}{2} = m$ のとき，$a_{n+1} \leq m$ を示せばよいが

$a_{n+1}=\left[\dfrac{a_n+k}{3}\right]\leqq\left[\dfrac{m+2m+1}{3}\right]=m$ となり成り立つ.

・$k$ が偶数のとき,$k=2m$（$m\geqq1$）とおける.

$a_n\leqq\dfrac{k-1}{2}=m-\dfrac{1}{2}$ であり,ここで,$a_n$ は整数だから $a_n\leqq m-1$

$\therefore\quad a_{n+1}=\left[\dfrac{a_n+k}{3}\right]\leqq\left[\dfrac{m-1+2m}{3}\right]=m-1\leqq\dfrac{k-1}{2}$

となり,この場合も成り立つ.

以上より①は示された.

②は少々面倒だ.特に（3）につなげることを考えると,次のようにした方がよいだろう.なお,以下で $l$ が整数のとき,$[x]+l=[x+l]$ を用いる.

・$k$ が奇数（$=2m+1$）のとき,（$a_n\leqq m$ は①でわかっている）

（ i ）　$a_n\leqq m-1$ のとき

$a_{n+1}-a_n=\left[\dfrac{a_n+k}{3}\right]-a_n=\left[\dfrac{k-2a_n}{3}\right]\geqq\left[\dfrac{2m+1-2(m-1)}{3}\right]=1$

（ ii ）　$a_n=m$ のとき

$a_{n+1}-a_n=\left[\dfrac{a_n+k}{3}\right]-a_n=\left[\dfrac{2m+1-2m}{3}\right]=0$

となり成立.

・$k$ が偶数（$=2m$）のとき,（$a_n\leqq m-1$ は①で証明済）

（ i ）　$a_m\leqq m-2$ のとき

$a_{n+1}-a_n=\left[\dfrac{a_n+k}{3}\right]-a_n\geqq\left[\dfrac{2m-2(m-2)}{3}\right]=1$

（ ii ）　$a_n=m-1$ のとき

$a_{n+1}-a_n=\left[\dfrac{a_n+k}{3}\right]-a_n=\left[\dfrac{2m-2(m-1)}{3}\right]=0$

以上より,$k$ が偶数,奇数いずれの場合も②は成立.

（3）　（2）の後半部分でほぼ証明したようなものだ.

・$k$ が奇数のとき,$a_n\leqq m$ である.

$a_n\leqq m-1$ のあいだは単調に増加し,それ以後一旦 $a_n=m$ になってからは,ずっと $m$ のままである.

・$k$ が偶数のとき,$a_n\leqq m-1$ である.

$a_n\leqq m-2$ のあいだは単調に増加し,一旦 $a_n=m-1$ になると,それ以降は,ずっと $m-1$ のまま.

求める値は

$$k \text{ が奇数のとき } \frac{k-1}{2} \ (=m), \quad k \text{ が偶数のとき } \frac{k-2}{2} \ (=m-1)$$

である.

*      *      *

ふー,疲れた.やはりガウス記号の問題は地道に場合を分けるとかなり疲れる.次はもう少しスマートにいこう.

---

**問題2**

$a$ を正の整数とする.正の実数 $x$ についての方程式

$$(*) \qquad x = \left[ \frac{1}{2} \left( x + \frac{a}{x} \right) \right]$$

が解をもたないような $a$ を小さい順に並べたものを,$a_1$, $a_2$, $a_3$, $\cdots$ とする.

(1) $a_1$, $a_2$, $a_3$ を求めよ.

(2) $\displaystyle \sum_{k=1}^{\infty} \frac{1}{a_k}$ を求めよ. （東工大・改）

---

ガウス記号のポイントは,本質的には Ⅰ－①②のような不等式の問題に帰着されることだ.

**【解説】**

Ⅰ－②を使うと（*）は,（$x$ が整数であることに注意して）

$$\frac{1}{2} \left( x + \frac{a}{x} \right) - 1 < \left[ \frac{1}{2} \left( x + \frac{a}{x} \right) \right] = x \leqq \frac{1}{2} \left( x + \frac{a}{x} \right)$$

$2x$（$>0$）を各辺にかけて式変形すると,

$$x^2 \leqq a < x^2 + 2x \ \cdots\cdots\cdots\cdots\cdots\cdots\cdots\cdots\cdots\cdots\cdots\cdots\cdots\cdots\cdots① $$

となる.この式の意味を考えれば答は自ずと出てくる.

(1)（*）式の右辺は [ ] で整数だから,左辺 $x$ も整数と考えてよい.
$x = 1$, $2$, $3$, $4$, $\cdots$ を順に①に代入すると,

$$1 \leqq a < 3, \quad 4 \leqq a < 8, \quad 9 \leqq a < 15, \quad 16 \leqq a < 24$$

（以降は $a$ は,25 以上の数ではさまれる）

この区間にない $a$ を小さい順に並べることで,

$$a_1 = 3, \quad a_2 = 8, \quad a_3 = 15$$

（2）　①より，$k^2 \leqq a < (k+1)^2 - 1$ をみたす自然数 $k$ が存在するような $a$ について，（＊）は解をもち，そうした $k$ が存在しなければ（＊）は解をもたない．

　すなわち，$(k+1)^2 - 1$ の形（$k$ は自然数）で表される $a$ についてのみ，（＊）は解をもたない（①をみたす $x$ が存在しない）．

　そこで，$a_n$ の列を数列 $\{a_n\}$ とすれば，$\{a_n\}$ は「平方数－1」を小さい順に書き並べたもので，第 $n$ 項目の $a_n$ は，$a_n = (n+1)^2 - 1 = n^2 + 2n$

$$\sum_{k=1}^{\infty} \frac{1}{a_k} = \sum_{k=1}^{\infty} \frac{1}{2}\left(\frac{1}{k} - \frac{1}{k+2}\right)$$

ここで，十分大きな自然数 $n$ に対して，

$$\sum_{k=1}^{n} \frac{1}{2}\left(\frac{1}{k} - \frac{1}{k+2}\right)$$

$$= \frac{1}{2}\left\{\left(1 - \frac{1}{3}\right) + \left(\frac{1}{2} - \frac{1}{4}\right) + \left(\frac{1}{3} - \frac{1}{5}\right) + \left(\frac{1}{4} - \frac{1}{6}\right)\right.$$

$$\left. + \cdots + \left(\frac{1}{n-2} - \frac{1}{n}\right) + \left(\frac{1}{n-1} - \frac{1}{n+1}\right) + \left(\frac{1}{n} - \frac{1}{n+2}\right)\right\}$$

$$= \frac{1}{2}\left(1 + \frac{1}{2} - \frac{1}{n+1} - \frac{1}{n+2}\right)$$

だから，ここで $n \to \infty$ として

$$\sum_{k=1}^{\infty} \frac{1}{a_k} = \frac{1}{2}\left(1 + \frac{1}{2}\right) = \frac{3}{4}$$

＊　　　　　　＊　　　　　　＊

　今度は，ややすっきりと処理できた．

　ところで，上記の場合，解をもつ $a$ を並べた数列は自然数の列から，「平方数－1」の形の数だけを除外したものである．これは何だか不思議な数列ではなかろうか？

　仮にこれを「平方数－1とばし」と名付けると，実は類題がウヨウヨある．

## 2．平方数とばしの数列

　次はこの話題の前座で，昔の「新数学演習」から拾ってきた問題だ．良問なので，ぜひ挑戦してみよう．

66

関数 $f(x)$ を次のように定義する.
$$f(x)=\begin{cases}1 & (x=0 \text{ のとき})\\ 0 & (x\neq0 \text{ のとき})\end{cases}$$
この $f(x)$ を使って数列 $a_0,\ a_1,\ a_2,\ \cdots$ を,
$$a_0=0,\ a_n=a_{n-1}+f((a_{n-1}+1)^2-n)\ (n\geqq1)$$
で定義する. このとき, $a_n=[\sqrt{n}]\ (n\geqq0)$ を示せ. (東京女大)

この数列は当然「単調非減少」だから, すべての項は 0 以上の整数だ. 次のように考えるとすっきりする.

【解説】

数列 $\{b_n\}$ を $b_n=[\sqrt{n}]$ で定義する. $b_0=0$ で, $\{b_n\}$ は $n$ が平方数になるときだけ 1 増加する数列となる. これが数列 $\{a_n\}$ と一致することを示そう.

階差を考えると,
$$a_n-a_{n-1}=1\Longleftrightarrow f((a_{n-1}+1)^2-n)=1$$
$$\Longleftrightarrow (a_{n-1}+1)^2=n\Longleftrightarrow a_{n-1}=\sqrt{n}-1 \quad\cdots\cdots\cdots\cdots\cdots①$$

$a_{n-1}$ は整数だから, $n$ が平方数でないときは①は成り立たず, $a_n=a_{n-1}$. これは $\{b_n\}$ と同じ性質である.

次に $a_0=b_0$, $a_1=b_1$ を確かめてから, $\{a_n\}$ と $\{b_n\}$ のはじめの $k-1$ 項まで同じだったとすると,

・$k$ が平方数でなければ, 当然 $a_k=b_k$

・$k$ が平方数なら, $a_{k-1}=b_{k-1}=[\sqrt{k-1}]=\sqrt{k}-1$ となって, これは①のケースなので,
$$a_k=a_{k-1}+1=(\sqrt{k}-1)+1=\sqrt{k}=[\sqrt{k}]=b_k$$
である. 以上より, 数列 $\{a_n\}$ と $\{b_n\}$ は, $n=0,\ 1,\ 2,\ \cdots$ と眺めていったとき帰納的に一致する. よって $a_n=[\sqrt{n}]$

*      *      *

つまり, 本問は, $n$ が平方数のときだけ階差が変化する数列なのだ. 次は $[\sqrt{n}]$ が $n$ が平方数のときだけ, 「変化する」ことを利用した洒落た構造をもっている.

> 数列 $\{a_n\}$ は $a_n = \left[ n + \sqrt{n} + \dfrac{1}{2} \right]$ で表される数列である. この数列について $\displaystyle\sum_{k=1}^{100} a_k$ を求めよ.

実験してみよう. $a_0$, $a_1$, $a_2$, $\cdots$ と順に計算すると,

$$0, \ 2, \ 3, \ 5, \ 6, \ 7, \ 8, \ 10, \ 11, \ \cdots\cdots$$

となり, どうやら平方数だけが除外されている. どうやらこれは「平方数とばし」の数列なのだ.

【解説】

$l$ が整数のとき, $[x+l]=[x]+l$ が成り立つことを用いる.

① $a_{n+1} - a_n = \left[ n+1+\sqrt{n+1}+\dfrac{1}{2} \right] - \left[ n+\sqrt{n}+\dfrac{1}{2} \right]$

$$= (n+1) + \left[ \sqrt{n+1}+\dfrac{1}{2} \right] - n - \left[ \sqrt{n}+\dfrac{1}{2} \right]$$

$$= 1 + \left[ \sqrt{n+1}+\dfrac{1}{2} \right] - \left[ \sqrt{n}+\dfrac{1}{2} \right] \geqq 1$$

となり, この整数を項とする数列の階差は 1 以上. (値が同じ項はなく $a_1$ 以降はすべて自然数)

② $a_n$ としてありえない値 $m$ がどのような値かを調べる. このような $m$ は (①より $a_n$ は単調増加だから) 右図のような大小関係を, あるn についてもつはずである. よって,

$$n+\sqrt{n}+\dfrac{1}{2} < m \ \text{かつ} \ m+1 \leqq n+1+\sqrt{n+1}+\dfrac{1}{2}$$

($\sqrt{\phantom{x}}$ を消したいので移項してから両辺を平方すると)

$$n < \left( m-n-\dfrac{1}{2} \right)^2 \ \text{かつ} \ \left( m-n-\dfrac{1}{2} \right)^2 \leqq n+1$$

この 2 式を整理すると, $(m-n)^2 - \dfrac{3}{4} \leqq m < (m-n)^2 + \dfrac{1}{4}$ となり, $m$ は整数だから $m=(m-n)^2$ と決まる.

よって, $m$ は平方数でなければならない.

③ $a_{n^2} = n^2 + n$（代入しただけ）だから，$n^2$ 番目の項は $n^2 + n$ である．②
より $a_1 \sim a_{n^2}$ の中に平方数はない．①より $\{a_n\}$ は増加数列で，$1 \sim n^2 + n$
の中に，平方数は $n$ 個，それ以外の数は $n^2$ 個あるから，$a_1$, $a_2$, $\cdots$, $a_{n^2}$
は $1 \sim n^2 + n$ の中の平方数以外の値をすべてとる．（$a_n$ がとりえない値は
平方数のみである．）

*　　　　*　　　　*

以上より，$a_n$ は「平方数とばし」の数列である．

$1 \sim 100$ の中に平方数は $1^2 \sim 10^2$ の 10 個あるので，

$$\sum_{k=1}^{100} a_k = \sum_{k=1}^{110} k - (1^2 + 2^2 + \cdots + 10^2) = \mathbf{5720}$$

*　　　　*　　　　*

さて，問題 4 の類題は沢山あるが，例えば，次のものはその 1 つだ．

$a_n = \left[ n + \sqrt{2n} + \dfrac{1}{2} \right]$（$n \geqq 1$）で表される数列はどんな数列だろう？

答をいえば，これは「三角数とばし」の数列となる．ちなみに三角数とは，
$\dfrac{n(n+1)}{2}$（$n = 1$, $2$, $\cdots$）と表される数のことだ．これは問題 4 と似たや
り方で解けるので，次に記す．

*　　　　*　　　　*

㋐　$a_{n+1} - a_n = \left[ n+1 + \sqrt{2(n+1)} + \dfrac{1}{2} \right] - \left[ n + \sqrt{2n} + \dfrac{1}{2} \right]$

$\qquad = (n+1) + \left[ \sqrt{2(n+1)} + \dfrac{1}{2} \right] - n - \left[ \sqrt{2n} + \dfrac{1}{2} \right]$

$\qquad = 1 + \left[ \sqrt{2(n+1)} + \dfrac{1}{2} \right] - \left[ \sqrt{2n} + \dfrac{1}{2} \right] \geqq 1$

㋑　$a_n$ としてありえない値 $m$ は問題 4 と同様
に図示すると右図のようである．そこで，

$\qquad n + \sqrt{2n} + \dfrac{1}{2} < m$

$\qquad$ かつ $m+1 \leqq n+1 + \sqrt{2(n+1)} + \dfrac{1}{2}$

を変形して，$\sqrt{2n} < m - n - \dfrac{1}{2}$ かつ $m - n - \dfrac{1}{2} \leqq \sqrt{2(n+1)}$ より，

$\qquad 2n < (m-n)^2 - (m-n) + \dfrac{1}{4} \leqq 2(n+1)$

$$\therefore \quad (m-n)^2-n-\frac{7}{4}\leqq m<(m-n)^2-n+\frac{1}{4}$$

よって, $m=(m-n)^2-n-1$ または $m=(m-n)^2-n$

$m=(m-n)^2-n-1$ のとき, 両辺に $m+1$ を足すと

$2m+1=(m-n)^2+(m-n)$ となり, 左辺は奇数だが, 右辺は $(m-n)$ が偶数でも奇数でも, 偶数となるので, このケースはありえない.

よって, $m=(m-n)^2-n$ であり, $2m=(m-n)^2+(m-n)$ より

$m=\frac{1}{2}(m-n)(m-n+1)$ となり, $m$ は三角数である.

㋒ $a_{\frac{1}{2}n(n+1)}=\left[\frac{1}{2}n(n+1)+\sqrt{n(n+1)}+\frac{1}{2}\right]$

$\qquad\qquad =\frac{1}{2}n(n+1)+\left[\sqrt{n(n+1)}+\frac{1}{2}\right]$ ······················☆

ここで, $n^2<n(n+1)<\left(n+\frac{1}{2}\right)^2$ であるから, $n<\sqrt{n(n+1)}<n+\frac{1}{2}$

ゆえに $n<\sqrt{n(n+1)}+\frac{1}{2}<n+1$ となって, $\left[\sqrt{n(n+1)}+\frac{1}{2}\right]=n$

☆より, $a_{\frac{1}{2}n(n+1)}=\frac{1}{2}n(n+1)+n$ である.

$1\sim\frac{1}{2}n(n+1)+n$ に $\frac{1}{2}l(l+1)$ の形の数は $n$ 個あるから, 問題4と同様に, $a_1$, $a_2$, $\cdots$, $a_{\frac{1}{2}n(n+1)}$ は $1\sim\frac{1}{2}n(n+1)+n$ の中の $\frac{1}{2}l(l+1)$ の形以外の数を1つずつすべてとる.

$$* \qquad\qquad * \qquad\qquad *$$

さて, これとよく似た問題が大学入試にもある.

---

**問題5**

数列 $\{a_n\}$ を $a_n=\left[\sqrt{2n}+\frac{1}{2}\right]$ $(n\geqq1)$ で定める.

（1） $a_n=a_{2000}$ となる $n$ はいくつあるか.

（2） $S_n=\sum_{k=1}^{n}a_k$ とおくとき, $|S_n-2000|$ が最小値をとるときの $n$ の値とそのときの最小値を求めよ.

（日大）

別に「三角数とばし」の知識などなくても十分解ける（むしろその方が本道か）が，ここでは，「三角数とばし」の線で解説しよう．

いずれにせよ実験は不可欠だ．最初の数項は，

| $a_1$ | $a_2\ a_3$ | $a_4\ a_5\ a_6$ | $a_7\ a_8\ a_9\ a_{10}$ | $a_{11}$ ··· |
|---|---|---|---|---|
| 1 | 2　2 | 3　3　3 | 4　4　4　4 | 5 ··· |

のようになる．

【解説】

$b_n = \left[ n + \sqrt{2n} + \dfrac{1}{2} \right]$ が「三角数とばし」の数列であることは既知とする．

すると $b_n$ は，右図のように上の段から順に 1 項，2 項，3 項，4 項，… を 1 つの群とした，第 $k$ 群の先頭の数が $\dfrac{k(k+1)}{2}+1$ の群数列とも考えられる．

一方 $c_n = n$（自然数の列）とすると，$c_n$ は右図のように，第 $k$ 群が $k$ 項あり，先頭の数が $\dfrac{k(k-1)}{2}+1$ の群数列とも考えられる．

$a_n = b_n - c_n$ だから，$\{a_n\}$ が，$k$ 群目の項数が $k$ で $k$ 群目の数がすべて，

$$\frac{k(k+1)}{2}+1-\left(\frac{k(k-1)}{2}+1\right)=k$$

である群数列に分けられることはすぐわかる．

| （三角数） | $b_n$ | | | | |
|---|---|---|---|---|---|
| ⇓ | | | | | |
| ~~1~~ | 2 | | | | 第 1 群 |
| ~~3~~ | 4 | 5 | | | 第 2 群 |
| ~~6~~ | 7 | 8 | 9 | | 第 3 群 |
| ~~10~~ | 11 | 12 | 13 | 14 | 第 4 群 |
| ~~15~~ | | | | | |
| ⋮ | | | | | |

自然数の列
| 1 | | | | 第 1 群 |
|---|---|---|---|---|
| 2 | 3 | | | 第 2 群 |
| 4 | 5 | 6 | | 第 3 群 |
| 7 | 8 | 9 | 10 | 第 4 群 |
| ⋮ | ⋮ | ⋮ | ⋮ | |

以上がはじめの実験結果の背景だ．さて問題に行こう．

（1） $\dfrac{62 \times 63}{2}=1953<2000<\dfrac{63 \times 64}{2}=2016$ だから，

2000 は上記の第 63 群にあたり，**63 個**

（2） 第 $k$ 群までの和を $f(k)$ とすると

$$f(k)=\sum_{i=1}^{k} i^2 = \frac{k(k+1)(2k+1)}{6} \quad \text{で}$$

$$f(17)=1785<2000<f(18)=2109$$

そこで，第18群の1項目（通算 $\dfrac{17 \times 18}{2}+1=154$ 項目）から調べると，

$1785+18 \times 12 = 2001$ となる．

よって $S_{153+12}=S_{165}=2001$ で，**$n=165$ のとき，$|S_n-2000|$ は最小値1を**とる．

## 3. 考え方しだいの問題

今回の最後に，考え方しだいであっさり解ける洒落た問題を紹介しよう．

---

**問題6**

初項を $a_0 \geqq 0$ とし，以下の漸化式で定まる数列 $\{a_n\}_{n=0,1,\cdots}$ を考える．
$$a_{n+1}=a_n-[\sqrt{a_n}] \quad (n \geqq 0)$$
$m$ を2以上の整数，$p$ を $1 \leqq p \leqq m-1$ をみたす整数とし，$a_0=m^2-p$ とする．このとき，$a_n=0$ となる最小の $n$ を求めよ． （早大・改）

---

まず，あたりまえのことではあるが $a_0$ が整数であるとき，この数列のすべての項は整数だ．

また，$a_{n+1}-a_n=-[\sqrt{a_n}]$ だから，$a_n$ が0にならない限り，この数列は単調に減少していく．

こうした基本的な観察をしてから問題に取りくもう．

【解説】

$a_0=m^2-p$ という設定ではあるが，この与え方から数列の本質が平方数がらみ（これは漸化式の $[\sqrt{a_n}]$ という表現からも推測できる）なのではないかと考え，初項 $a_0$ が仮に $m^2$ だとして実験してみよう．

$a_0=m^2,\ a_1=m^2-m,\ a_2=m^2-m-[\sqrt{m^2-m}]=(m-1)^2$
$$(\because \quad (m-1)^2 < m^2-m < m^2)$$

となり，2項目で，1つ小さい平方数になる．

では，$a_0=m^2+1$ だったらどうか？

$a_0=m^2+1,\ a_1=m^2+1-[\sqrt{m^2+1}]=m^2-m+1$ $\cdots\cdots\cdots\cdots\cdots$①

$a_2=m^2-m+1-[\sqrt{m^2-m+1}]=m^2-m+1-(m-1)=(m-1)^2+1$

と，1項目も2項目も，先の場合より1大きくなる．

\* \* \*

72

$a_0=m^2$ の場合を $a_n=0$ となったときから，$a_{n-1}$，$a_{n-2}$，… と逆に書いていくと次のようだ（$a_k=l^2$ のとき $a_{k+1}=l(l-1)$ に注意）．

| $a_n$ | $a_{n-1}$ | $a_{n-2}$ | $a_{n-3}$ | $a_{n-4}$ | $a_{n-5}$ | $a_{n-6}$ | $a_{n-7}$ | $a_{n-8}$ |
|---|---|---|---|---|---|---|---|---|
| 0 | 1 | $1\times2$ | $2^2$ | $2\times3$ | $3^2$ | $3\times4$ | $4^2$ | $4\times5$ |

| …… | $a_{n-2m+2}$ | $a_{n-2m+1}$ |
|---|---|---|
| …… | $m(m-1)$ | $m^2$ |

さて，ここで，$b>c$ なる自然数 $b$，$c$ について，初項 $a_0=b$ からはじまる数列 $\{b_n\}$ と，初項 $a_0=c$ からはじまる数列 $\{c_n\}$ をくらべると，（もちろんどちらも上の漸化式をもつとする）すべての $n$ について，$b_n\geqq c_n$ となる（$b-[\sqrt{b}]\geqq c-[\sqrt{c}]$ を示せば（☞注），あとは帰納的に成立）．

上記 $a_0=m^2-p$ について，

$$m(m-1)+1\leqq a_0<m^2$$

であり，初項 $a_0$ を $m^2$ としたときも $m(m-1)+1$ （これは $m^2-m+1$ なので①を考える）としたときも $\{a_n\}$ は $2m-1$ 回で 0 になることが上の実験からわかっているので，求める $n$ は，$\boldsymbol{n=2m-1}$ である．

⇨注　$b-[\sqrt{b}]\geqq c-[\sqrt{c}]$ ……② は，例えば次のように示せる．
$b=c+d$ とおくと $d$ は自然数である．このとき，

　　　②$\Longleftrightarrow d+[\sqrt{c}]\geqq[\sqrt{c+d}]\Longleftrightarrow[d+\sqrt{c}]\geqq[\sqrt{c+d}]$

よって，$d+\sqrt{c}\geqq\sqrt{c+d}$ が成り立てば②も成り立つが，

　　$(d+\sqrt{c}\,)^2-(\sqrt{c+d}\,)^2=d^2+2d\sqrt{c}+c-(c+d)=d(d-1)+2d\sqrt{c}>0$

であるから，$d+\sqrt{c}>\sqrt{c+d}$ が成り立ち，②が示された．

# §7 合成'1次'関数と数列

今回は与えられた関数 $f(x)$ に対して，初項を $a_0$（または $a_1$）とし，$a_{n+1}=f(a_n)$ として数列 $\{a_n\}$ を定める問題のうち，1つのタイプを扱う．

**以下，$f$ を $n$ 回合成した関数を $f_n(x)$ のように表記することにする．**

## 1．基本形

今回扱うタイプの最も素朴な形は次のようだ．

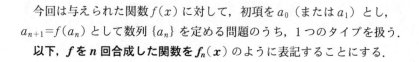

**問題 1**

$a$ を $0 \leqq a \leqq 1$ をみたす実数とし，数列 $\{a_n\}$ を次のように定める．

$$a_1 = a, \quad \begin{cases} a_n \leqq \dfrac{1}{2} \text{ のとき，} a_{n+1} = 2a_n \\[2mm] a_n > \dfrac{1}{2} \text{ のとき，} a_{n+1} = 2 - 2a_n \end{cases}$$

（1）$a_3 = \dfrac{1}{2}$ となるような $a$ をすべて求めよ．

（2）すべての自然数 $n$ について，$a_{n+2} = a_n$ が成り立つとする．このような $a$ をすべて求めよ．

（学習院大）

基礎となる問題だ．まずは普通に解いてみよう．

【解説】

（1）$a_3 = \dfrac{1}{2}$ より $a_2$ は，$\dfrac{1}{2} = 2a_2 \left(a_2 \leqq \dfrac{1}{2}\right)$ か，$\dfrac{1}{2} = 2 - 2a_2 \left(a_2 > \dfrac{1}{2}\right)$ を

みたす．このような $a_2$ は $\dfrac{1}{4}$ と $\dfrac{3}{4}$．次に $a_1$ を考えると，

$$\dfrac{1}{4} = 2a_1 \left(a_1 \leqq \dfrac{1}{2}\right) \qquad \dfrac{1}{4} = 2 - 2a_1 \left(a_1 > \dfrac{1}{2}\right)$$

$$\dfrac{3}{4} = 2a_1 \left(a_1 \leqq \dfrac{1}{2}\right) \qquad \dfrac{3}{4} = 2 - 2a_1 \left(a_1 > \dfrac{1}{2}\right)$$

のいずれかであり，これらを解いて，$a\ (=a_1)=\dfrac{1}{8},\ \dfrac{3}{8},\ \dfrac{5}{8},\ \dfrac{7}{8}$

（2） まず必要条件として，$a_3=a_1$ を考える．

① $0\leqq a\leqq\dfrac{1}{4}$ のとき，$a_2=2a$，$a_3=4a$ だから，$4a=a$ より $a=0$

② $\dfrac{1}{4}<a\leqq\dfrac{1}{2}$ のとき，$a_2=2a$，$a_3=2-4a$ となり，$a=2-4a$ より $a=\dfrac{2}{5}$

③ $\dfrac{1}{2}<a<\dfrac{3}{4}$ のとき，$a_2=2-2a$，$a_3=2-2(2-2a)$ となり，

$a=2-2(2-2a)$ より $a=\dfrac{2}{3}$

④ $\dfrac{3}{4}\leqq a\leqq1$ のとき，$a_2=2-2a$，$a_3=4-4a$ となり，$a=4-4a$ より $a=\dfrac{4}{5}$

こうして，$a=0,\ \dfrac{2}{5},\ \dfrac{2}{3},\ \dfrac{4}{5}$ の 4 数が候補となるが与えられた漸化式から，これらのとき，$a_1=a_3=a_5=\cdots$，$a_2=a_4=a_6=\cdots$ となることは容易に確かめられるので，これら 4 数が答えである．

＊　　　　＊　　　　＊

とりあえず場合に分けて解いてみたが，少し面倒だ．基礎は大切なので，本問を別の観点から眺める問題を作ってみよう．

---

**問題 2**

関数 $f(x)$ を次のように定義する．

$$f(x)=\begin{cases} 2x & \left(0\leqq x\leqq\dfrac{1}{2}\right) \\ 2-2x & \left(\dfrac{1}{2}\leqq x\leqq1\right) \end{cases}$$

（1） $0\leqq x\leqq1$ で $f(x)$ のグラフを描け．

（2） $0\leqq x\leqq1$ で $f_2(x)$，$f_3(x)$ のグラフを描け．

（3） $f_2(x)=f(2x)\ \left(0\leqq x\leqq\dfrac{1}{2}\right)$ を示せ．

（4） $f_n(x)=f(2^{n-1}x)\ \left(0\leqq x\leqq\dfrac{1}{2^{n-1}}\right)$ を示せ．

---

（2）は場合分けをしてもよいのだが，次のように考えると描きやすいだろう．

**【解説】**

（1）　グラフは右の通り．

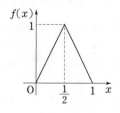

（2）　$f(x)$ のグラフは，$x$ が $0$ から $1$ まで増加する間に，$0\to1\to0$ と，区間 $[0,\ 1]$ を1往復する．

したがって $f_2(x)=f(f(x))$ のグラフは，$x$ が $0$ から $1$ まで増加する間に，$f(x)$ が $0\to1$ のとき $[0,\ 1]$ を1往復，$1\to0$ のとき，1往復（$f(x)$ のグラフを右からたどってみよ），計2往復する．

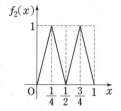

傾きの絶対値が $2^2=4$ の1次式になるのでグラフは右の通りである．

同様に $f_3(x)$ のグラフは，$f_2(x)$ のグラフが $0\to1\to0\to1\to0$ と区間 $[0,\ 1]$ を2往復する間に4往復する．

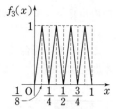

傾きは帰納的に絶対値が $8$ になるのでグラフは右の通り．

（3）　$0\leqq x\leqq\dfrac{1}{4}$ のとき $f(2x)=f_2(x)=4x$

$\dfrac{1}{4}\leqq x\leqq\dfrac{1}{2}$ のとき，

$f(2x)=f_2(x)=2-4x$ となることは計算すれば容易に確かめられる．

（4）　（3）より帰納的に，$f_n(x)=f_{n-1}(2x)=\cdots\cdots=f(2^{n-1}x)$ となる．

＊　　　＊　　　＊

1往復というのは感覚的表現だが，こうしたイメージが頭にあるとグラフは描きやすい．また，各区間でグラフが「傾きの絶対値が一定」の直線になることも注意しておこう．こうして，グラフはまるで細胞分裂のように，1突起→2突起→4突起→…→$2^{n-1}$突起と，だんだん，突起が尖っていく．

一般に $f(2x)$ のグラフは，$f(x)$ のグラフを横幅を半分にちぢめた形になるので，（3），（4）もそうしたグラフの知識があれば，直観的にわかることだろう．

では，問題2と問題1の関係は何か？

問題2で，$a_{n+1}=f(a_n)$ と定めたものが問題1の漸化式と考えればよい．

したがって，問題1の（1）は $f_2(x)=\dfrac{1}{2}$，（2）は $f_2(x)=x$ となるような $x$ の値を考えればよいわけだ（グラフで考えてみよう）．

## 2．標準的応用

このタイプの問題がやや発展すると次のようになる．次の問題は，本質的な問題だ．

---

**問題3**

$f(x)=1-2\left|x-[x]-\dfrac{1}{2}\right|$ とする．

（1）　$y=f(x)$ のグラフを描け．

（2）　数直線上で動点 P が $x_0$ から出発して，$x_1=f(x_0)$，$x_2=f(x_1)$，$\cdots$，$x_n=f(x_{n-1})$ という関係で移動をくりかえす．

（a）　$n\geqq2$ のとき，$x_n=f(2^{n-1}x_0)$ を示せ．

（b）　動点 P が異なる2点間を往復運動している場合，その2点を求めよ．

（お茶の水女大）

---

【解説】

（1）　周期1でくりかえすことを見抜こう．$[x+1]=[x]+1$ であるから，

$$f(x+1)=1-2\left|x+1-[x+1]-\dfrac{1}{2}\right|=1-2\left|x-[x]-\dfrac{1}{2}\right|=f(x)$$

一方，$0\leqq x\leqq\dfrac{1}{2}$ で $f(x)=2x$，$\dfrac{1}{2}\leqq x\leqq1$ で $f(x)=2-2x$（となり，グラフは問題2のグラフを $[0,1]$ 以外にも

拡張したものとなる）

　よって右の図のようになる．

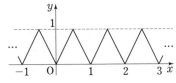

（2）−（a）　グラフから，

$f_2(x)=f(2x)$（$f(x)$ の横幅半分）

となることはほぼ明らかだが一応示しておこう．

　$n$ を整数として，

（i）　$n\leqq x\leqq n+\dfrac{1}{2}$ のとき，$f_2(x)=f(f(x))=f(2x-2n)=f(2x)$

（ii） $n+\dfrac{1}{2}\leqq x\leqq n+1$ のとき

$$f_2(x)=f(f(x))=f(2-2(x-n))=f(-2x)=f(2x)$$

以上より全実数について，$f_2(x)=f(2x)$

これをくりかえし用いると，

$$f_2(x)=f(2x),\ f_3(x)=f(f_2(x))=f(f(2x))=f_2(2x)=f(2^2x),$$
$$f_4(x)=f(f_3(x))=f(f(2^2x))=f_2(2^2x)=f(2^3x),\ \cdots$$

のように，帰納的に，$f_n(x)=f(2^{n-1}x)$ がわかる．

よって，$x_n=f_n(x_0)=f(2^{n-1}x_0)$

（2）−（b）　これは，問題1の（2）に似ている．Pが最初にいる地点を $x_0$ とすると，$x_0=x_2=x_4=\cdots,\ x_1=x_3=x_5=\cdots$ が必要である．

つまり任意の自然数 $n$ について $x_{n+2}=x_n$ が必要で，問題1と同じく，$x_0$ の候補は $0,\ \dfrac{2}{5},\ \dfrac{2}{3},\ \dfrac{4}{5}$ の4つ．

このうち，$x_0=0,\ \dfrac{2}{3}$ の場合は，$x_1=x_0$ となって適さない．他の2つについて $f\left(\dfrac{2}{5}\right)=\dfrac{4}{5},\ f\left(\dfrac{4}{5}\right)=\dfrac{2}{5}$ はすぐわかるので，答えは $\dfrac{2}{5}$ と $\dfrac{4}{5}$ の2地点．

では，似たようなタイプの問題をもう1つやろう．

---

**問題4**

$0\leqq x<1$ において定義される関数 $f(x)$ は

$$f(x)=\begin{cases} 2x & \left(0\leqq x<\dfrac{1}{2}\right) \\ 2x-1 & \left(\dfrac{1}{2}\leqq x<1\right) \end{cases}$$

をみたすものとする．さらに $f_1(x)=f(x)$ とおき，$f_n(x)$ を $f_n(x)=f(f_{n-1}(x))$ $(n=2,\ 3,\ 4,\ \cdots)$ と定義する．

（1）　$f_3(x)$ のグラフを描け．

（2）　$k$ と $m$ を $1\leqq k\leqq 2^m-1$ をみたす自然数とし，$p=\dfrac{k}{2^m}$ とおく．極限値 $\displaystyle\lim_{n\to\infty}\dfrac{f_1(p)+\cdots\cdots+f_n(p)}{n}$ を求めよ． （東工大）

---

これはざっと解説するだけにする。普通に $f_1(x)$, $f_2(x)$, … の順にグラフを描いて規則性を見出してもよいが、ここでは問題3のお茶の水女大にならって、式を（定義域を拡張して）1つにしてみよう。

**【解説】**

（1）$f(x)$ のグラフは右図のようになる。ここで、定義域を $x \geqq 0$ に拡張して、周期 $\dfrac{1}{2}$ でくりかえす $g(x)$（右下図参照）を考えると、$g(x)$ は、$h(x) = x - [x]$ のグラフを横半分にちぢめたものだから

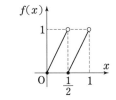

$$g(x) = h(2x) = 2x - [2x]$$

$g(x)$ の $0 \leqq x < 1$ の部分は $f(x)$ と一致する。

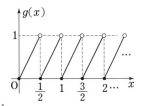

$g(x)$ の値域は常に区間 $[0, 1]$ に含まれるから、$0 \leqq x < 1$ で、$g_n(x)$ は $f_n(x)$ と一致し、

$$f_2(x) = g_2(x) = g(g(x)) = 2g(x) - [2g(x)]$$
$$= 2(2x - [2x]) - [2(2x - [2x])]$$
$$= 4x - 2[2x] - [4x] + 2[2x] = 4x - [4x] = g(2x)$$

これをくりかえすことにより、

$$f_n(x) = g_n(x) = 2^n x - [2^n x]$$

$f_3(x)$ は $f_3(x) = 8x - [8x]$ で、これは、$g(x)$ のグラフを横に $\dfrac{1}{4}$ 倍にちぢめた、右のようなグラフになる。

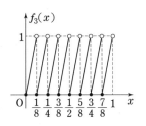

⇨**注** 筆者の好みであえて上のような解法をとったが、$f_3(x) = 0$ が解 $\dfrac{k}{8}$（$k = 0, 1, \cdots, 7$）をもち各区間で傾き8の1次関数になることを示せば十分。

（2）$f_n(x) = g_n(x) = 2^n x - [2^n x]$ で、$m$ を固定した自然数とすると、$n \geqq m$ ではあきらかに $2^n p = [2^n p]$（$2^n p$ は整数）だから、$f_n(p) = 0$

よって、極限値を求めたい式の分子は、$n \geqq m$ の場合の $f_n(p)$ の項がすべて0で、高々有限の数である。

そこで $n \to \infty$ とすると、求める極限値は **0**。

### 3. 面倒な問題や難問への対処

問題 3，4 では格好よくガウス記号を用いて $f_2(x)=f(2x)$ などを導いたが，面倒な問題になったら，煩雑なガウス記号の式を相手にするのは大変だ.

そんなときは，ポイント

① 1次関数の合成関数がやはり各区間で 1 次関数になり（グラフは直線）

② 傾きの絶対値は，倍々ゲームになることが多く

③ $f(x)=0$ や 1 になる点を調べる.（あとはつなぐだけ）

という 3 つの事柄を念頭におき，さらに，問題 2 で解答中に示した「往復」のイメージを頭に入れておくとよい.

---

**問題 5**

実数の閉区間 [0，1] を定義域および値域とする関数

$$f(x)=\begin{cases} 2x+\dfrac{1}{2} & \left(0\leqq x\leqq \dfrac{1}{4}\right) \\[2mm] -2x+\dfrac{3}{2} & \left(\dfrac{1}{4}\leqq x\leqq \dfrac{3}{4}\right) \\[2mm] 2x-\dfrac{3}{2} & \left(\dfrac{3}{4}\leqq x\leqq 1\right) \end{cases}$$

を考える. この関数の 2 回の合成を $f_2(x)=f(f(x))$，また，$n$ 回の合成を，$f_n(x)=f(f_{n-1}(x))$ $(n=2，3，\cdots)$ で定める.

（1） $y=f_2(x)$，$y=f_3(x)$ のグラフをそれぞれ描け.

（2） 閉区間 [0，1] 内の点 $c$ に対して，$f_{100}(c)=c$ となるような点 $c$ の個数を求めよ.

（慶大・改）

---

$f(x)$ のグラフは右図のようになる.

このままで数式を扱うと場合分けは複雑そうだし，ガウス記号を導入するのも面倒だ.

こんなときは「往復」と「端点」をイメージするとよいだろう.

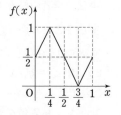

【解説】

$x$ が $0 \to \dfrac{1}{2}$，又は $\dfrac{1}{2} \to 0$ と単調に動くとき，$f(x)$ は，$\dfrac{1}{2} \to 1 \to \dfrac{1}{2}$ と区間 $\left[\dfrac{1}{2},\ 1\right]$ を 1 往復する．

$x$ が $\dfrac{1}{2} \to 1$，又は $1 \to \dfrac{1}{2}$ と単調に動くとき，$f(x)$ は，$\dfrac{1}{2} \to 0 \to \dfrac{1}{2}$ と区間 $\left[\dfrac{1}{2},\ 0\right]$ を 1 往復する．

（1） $x$ が $0 \to \dfrac{1}{2}$ と動くとき，$f(x)$ は区間 $\left[\dfrac{1}{2},\ 1\right]$ を 1 往復するので，$f_2(x)$ は区間 $\left[\dfrac{1}{2},\ 0\right]$ を 2 往復する．$x$ が $\dfrac{1}{2} \to 1$ と動くとき，$f(x)$ は区間 $\left[\dfrac{1}{2},\ 0\right]$ を 1 往復するので $f_2(x)$ は区間 $\left[\dfrac{1}{2},\ 1\right]$ を 2 往復する．

よって $f_2(x)$ のグラフは右図のようである．（ポイント①，②を意識）

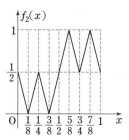

同様に $x$ が $0 \to \dfrac{1}{2}$ のとき $f_2(x)$ は $\left[\dfrac{1}{2},\ 0\right]$ を 2 往復するので $f_3(x)$ は $\left[\dfrac{1}{2},\ 1\right]$ を 4 往復し，$x$ が $\dfrac{1}{2} \to 1$ のときは同様に考えて，$f_3(x)$ は $\left[\dfrac{1}{2},\ 0\right]$ を 4 往復する．

$f_3(x)$ のグラフは右図．

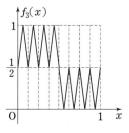

（2） 同様に考えていくと，$n$ が偶数のとき，$f_n(x)$ は $0 \to x \to \dfrac{1}{2}$ で，$\left[\dfrac{1}{2},\ 0\right]$ を $2^{n-1}$ 往復，$\dfrac{1}{2} \to x \to 1$ で $\left[\dfrac{1}{2},\ 1\right]$ を $2^{n-1}$ 往復することがわかる．

よって $f_{100}(x)$ のグラフを考えると，$y = f_{100}(x)$ のグラフと $y = x$ のグラフは，$y = f_{100}(x)$ のグラフのすべての V 字型とちょうど 2 つずつで交わる．

そのうち，$\left(\dfrac{1}{2},\ \dfrac{1}{2}\right)$ の 1 つが重なっており，V 字の数は，$2^{99}+2^{99}=2^{100}$ 個あるので，$y=f_{100}(x)$ と $y=x$ の交点は，$2\times2^{100}-1=2^{101}-1$（個）ある．つまり，$f_{100}(c)=c$ となるような点 $c$ の個数も，$\mathbf{2^{101}-1}$（個）.

＊　　　　　＊　　　　　＊

こうした「グラフの概形をつかませることがテーマ」の問題では，多少感覚的な議論でも O.K. と思う.

---

**問題6**

区間 $[0,\ 1]$ において，

$$f(x)=\begin{cases}2x & \left(x\leqq\dfrac{1}{2}\right)\\[2mm] 2-2x & \left(x>\dfrac{1}{2}\right)\end{cases}$$

として関数 $f(x)$ を定める.

$0\leqq a_1\leqq1$ をみたす実数 $a_1$ を初期値として数列 $\{a_n\}$ を $a_n=f(a_{n-1})$（$n=2,\ 3,\ \cdots$）で定める．数列 $\{a_n\}$ が収束するために初期値 $a_1$ がみたすべき必要十分条件を求めよ． （東大後期・誘導略）

---

難問（本誌判定 D）といわれた問の核心部分だ．ただし，問題 5 とは違い，難しさは面倒さにはなく，目のつけ所だ.

【解説】

問題 3 を利用する．$g(x)=1-2\left|x-[x]-\dfrac{1}{2}\right|$ とおく.

$0\leqq x\leqq1$ のとき $0\leqq f(x)\leqq1$ であるから，$0\leqq a_n\leqq1$（$n=1,\ 2,\ \cdots$）

$0\leqq x\leqq1$ のとき，$f(x)=g(x)$ であるから，$f(x)$ の代わりに $g(x)$ について考えればよい.

まず，$\{a_n\}$ が収束する値 $\alpha$ の候補を求めよう.

$\displaystyle\lim_{n\to\infty}a_n=\lim_{n\to\infty}a_{n+1}=\alpha$ より

$\displaystyle\lim_{n\to\infty}g_{n-1}(a_1)=\lim_{n\to\infty}g_n(a_1)=\lim_{n\to\infty}g(g_{n-1}(a_1))=\alpha$

よって $g(\alpha)=\alpha$ が必要で，右上のグラフを考えれば，$\alpha=0,\ \dfrac{2}{3}$ のいずれか.

82

ところで，収束する値が上記になるため
には，$g_k(a_1)$ はどこかでピタリ $0$ か $\dfrac{2}{3}$ に
なることが必要（かつ十分）だ.

　感覚的にも，たとえば $g_k(a_1)$ がいくら $0$
に近づいてもピタリ $0$ でなければ，右図矢
印のように，$g_{k+1}(a_1)$, $g_{k+2}(a_1)$, $\cdots$ はど
んどん $0$ から離れていきそうだが，これを
説明すると次のようになる.

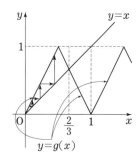

Ⅰ. 途中で $g_k(a_1)=0$ とならず，$\displaystyle\lim_{n\to\infty} a_n=0$ となるとき.

　$n\geqq N$ のときつねに $0<a_n<\dfrac{1}{2}$ となる $N$ が存在する. $n\geqq N$ のとき

$a_{n+1}=2a_n$ であるから，$a_n=a_N 2^{n-N}\to\infty$ $(n\to\infty)$ となって矛盾.

Ⅱ. 同様に，途中で $g_k(a_1)=\dfrac{2}{3}$ とならず，$\displaystyle\lim_{n\to\infty} a_n=\dfrac{2}{3}$ となるとき.

　$n\geqq N$ のときつねに $\dfrac{1}{2}<a_n<1$ となる $N$ が存在する. $n\geqq N$ のとき

$a_{n+1}=2-2a_n$ であるから，

$$a_{n+1}-\frac{2}{3}=-2\left(a_n-\frac{2}{3}\right) \quad \therefore \quad \left|a_n-\frac{2}{3}\right|=\left|a_N-\frac{2}{3}\right|2^{n-N}\to\infty \ (n\to\infty)$$

となって矛盾.

そこで $k$ 回目に $g_k(a_1)$ が，$0$, $\dfrac{2}{3}$ となるような $a_1$ の値をさがすと（問題 $3$

より）

$$g_k(a_1)=g(2^{k-1}a_1)$$

$$g(x)=0, \ \frac{2}{3} \ となる \ x \ は，\ m, \ m+\frac{1}{3}, \ m+\frac{2}{3} \ (m \ は整数)$$

そこで，$2^{k-1}a_1=m$, $m+\dfrac{1}{3}$, $m+\dfrac{2}{3}$ より，

$$a_1=\frac{m}{2^{k-1}}, \ \frac{3m+1}{3\cdot 2^{k-1}}, \ \frac{3m+2}{3\cdot 2^{k-1}} \ (k=1, \ 2, \ \cdots)$$

$0\leqq a_1\leqq 1$ を考慮すれば，

$$\boldsymbol{a_1=\frac{t}{3\cdot 2^{k-1}} \ (t \ は \ 0\leqq t\leqq 3\cdot 2^{k-1} \ なる整数, \ k \ は自然数)}$$

# §8 数列と不等式・極限

数列の問題では，値がピッタリとは求まらないものがよくある．「では $a_{100}$ はおよそいくつくらいの値ですか？」という意味のことを聞いてくる問題だ．

漸化式が解けないので $a_n$ の値を不等式で評価しなければならなかったり，$a_n$ は $n \to \infty$ のときどんな値に収束しますか？　と極限と融合した問題も多い．

今回はそんな問題への取り組み方がテーマだ．

## 1．様々な評価法

---
**問題 1**

数列 $\{a_n\}$ を次のように定める．

$$a_1 = \frac{1}{100}, \quad a_{n+1} = a_n{}^2 + a_n \quad (n \geqq 1)$$

$I = \dfrac{1}{a_1+1} + \dfrac{1}{a_2+1} + \cdots\cdots + \dfrac{1}{a_{10000}+1}$ の整数部分を求めよ．

---

まずは式変形でカタがつく例だ．

【解説】

① $a_{n+1} - a_n = a_n{}^2 > 0$ だから $\{a_n\}$ は単調増加で，

$$a_1 < a_2 < a_3 < \cdots\cdots < a_{10000} < a_{10001}$$

階差の $a_n{}^2$ は，常に $\dfrac{1}{10000}$ 以上であるから，

$$a_{10001} \geqq a_1 + 10000 \times \frac{1}{10000} = a_1 + 1 > 1 \quad\cdots\cdots\cdots\cdots\cdots\cdots①$$

② $n \geqq 1$ に対して，

$$\frac{1}{a_n} - \frac{1}{a_n+1} = \frac{1}{a_n(a_n+1)} = \frac{1}{a_{n+1}} \quad だから，$$

$$I = \sum_{k=1}^{10000} \frac{1}{a_k+1} = \sum_{k=1}^{10000} \left( \frac{1}{a_k} - \frac{1}{a_{k+1}} \right)$$

$$= \left( \frac{1}{a_1} - \frac{1}{a_2} \right) + \left( \frac{1}{a_2} - \frac{1}{a_3} \right) + \cdots + \left( \frac{1}{a_{10000}} - \frac{1}{a_{10001}} \right) = \frac{1}{a_1} - \frac{1}{a_{10001}}$$

$$= 100 - \frac{1}{a_{10001}}$$

①より $99 < I < 100$ であるから，整数部分は **99** である．

＊　　　　＊　　　　＊

よく考えると，$a_n{}^2$ はかなり小さい数だから，

$$a_1 \fallingdotseq a_2 \fallingdotseq \cdots \cdots \fallingdotseq a_n \quad (\Leftarrow 実はこれが誤り)$$

と見なせる．そこで，$I$ は，$\dfrac{1}{a_1+1} = \dfrac{100}{101}$ が大体 10000 項ぐらい集まった数

だから，10000 よりわずかに小さいのだろうと予想すると大間違い．

日頃「おおよその見当」をつけるのは大切だが，直感が利かない例も多い．

---

**問題 2**

数列 $\{a_n\}$ を次のように定めるとき，$a_{100}$ の整数部分 $[a_{100}]$ を求めよ．

$$a_1 = 1, \quad a_{n+1} = a_n + \frac{1}{a_n} \quad (n \geq 1) \tag*{(JMO 予選)}$$

---

あっ，階差がわかる！　ということで，

$$a_{n+1} - a_n = \frac{1}{a_n} \qquad \therefore \quad a_{100} = a_1 + \sum_{k=1}^{99} \frac{1}{a_k}$$

とすると，〜〜部分の評価が大変だ．一工夫を要する．

【解説】

漸化式を 2 乗すると，

$$a_{n+1}{}^2 = a_n{}^2 + \frac{1}{a_n{}^2} + 2$$

となる．これを $n=1$ から $n=99$ まで加えると，

$$\sum_{k=1}^{99} a_{k+1}{}^2 = \sum_{k=1}^{99} a_k{}^2 + \sum_{k=1}^{99} \frac{1}{a_k{}^2} + 2 \times 99$$

$$\therefore \quad a_{100}{}^2 = a_1{}^2 + 2 \times 99 + \sum_{k=1}^{99} \frac{1}{a_k{}^2} = 200 + \sum_{k=2}^{99} \frac{1}{a_k{}^2}$$

ここで $a_2 = 2$ であり，$a_3$ 以降が 2 より大であることはすぐわかるから，

$n \geqq 2$ に対して，$\dfrac{1}{a_n{}^2} \leqq \dfrac{1}{4}$

よって，～～部は，（0 より大で）$\dfrac{98}{4} = 24.5$ 以下

である．以上より，$196 < a_{100}{}^2 < 225$ が示せるので，$[a_{100}] = \mathbf{14}$

*　　　　*　　　　*

2 乗するところが洒落ているが，以上 2 題のように，「およその評価」をさせる問題に，全部あてはまるような魔法の方法はない．ケースバイケースなのだ．

だが，「よくある手法」もある．

## 2．既知の数列との比較（上から・下からおさえる）

数列の値（一般項や和）を評価する 1 つの有力な方法は，すでによく知っている数列と比較することだ．

有名例には次のようなものがある．

---

**問題 3**

正の整数 $n$ に対して，$S(n) = 1 + \dfrac{1}{2^2} + \dfrac{1}{3^2} + \cdots + \dfrac{1}{n^2}$ とおく．

すべての正の整数 $n$ に対して，$S(n) < 1.7$ が成り立つことを示しなさい．

---

一般項 $a_k$ が $\dfrac{1}{k^2}$ である数列の $n$ 項目までの和を評価する問題だ．これはあまりに有名な例なので（どの参考書にもありそう）ややはしょった解説をする．

【解説】

右上のように $f(x) = \dfrac{1}{x^2}$ のグラフを描くと，$S(n)$ は面積としては，図の網目部分（たんざく型の四角の総和）と見なせる．

これは，太枠部分の面積よりも小さい．

そこで，$\dfrac{1}{k^2}$ を図2のように，太枠部の面積で上からおさえることを考える．

図1

$$\frac{1}{k^2} < \int_{k-1}^{k} \frac{1}{x^2}\,dx = \left[-\frac{1}{x}\right]_{k-1}^{k}$$
$$= \frac{1}{k-1} - \frac{1}{k}$$

（実は，いわれてみれば右辺を通分してアタリマエ！　本問の解き方を知っていれば単独でこの不等式を示す方が早いかもしれない．）

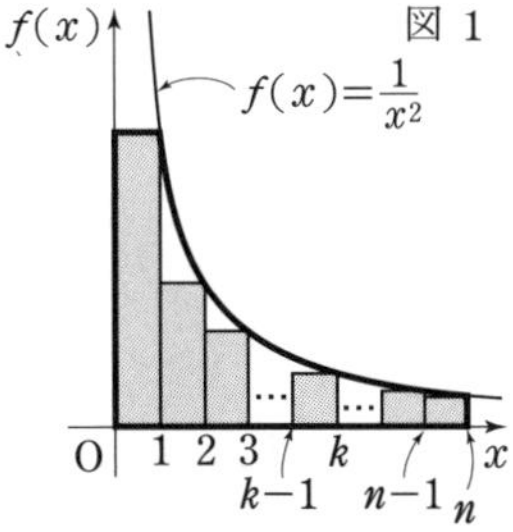

さて，ここまでが準備だ．仕上げをしよう．

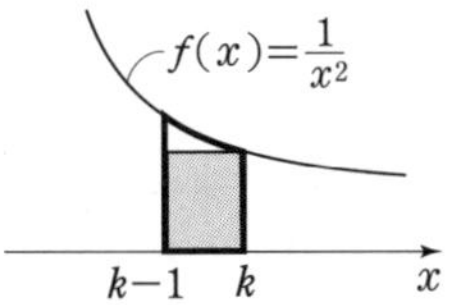

⇩ 拡大
図2

\*　　　\*　　　\*

明らかに $S(n)$ は $n$ が増加するにつれて増加するから $n \geqq 4$ の場合で示せば十分．

$\dfrac{1}{k^2} < \dfrac{1}{k-1} - \dfrac{1}{k}$ だから，

$$S(n) = 1 + \frac{1}{4} + \frac{1}{9} + \sum_{k=4}^{n}\frac{1}{k^2} < 1 + \frac{1}{4} + \frac{1}{9} + \sum_{k=4}^{n}\left(\frac{1}{k-1} - \frac{1}{k}\right)$$
$$= 1 + \frac{1}{4} + \frac{1}{9} + \left(\frac{1}{3} - \frac{1}{n}\right) < \frac{61}{36} = 1.69444\cdots < 1.7$$

同じような例をもう1つ挙げよう．

---

**問題4**

数列 $a_1,\ a_2,\ a_3,\ \cdots$ があるとき，新しい数列 $b_1,\ b_2,\ b_3,\ \cdots$ を次の漸化式

$$b_1 = a_1,\quad b_2 = a_2 b_1 - 1,\quad b_{n+2} = a_{n+2}b_{n+1} - b_n\ (n \geqq 1)$$

で定義する．

すべての $a_n$ が3以上の自然数であれば，任意の自然数 $k$ について，$\displaystyle\sum_{n=1}^{k}\frac{1}{b_n} < 1$ が成り立つことを示せ．

---

§2で取り上げた阪大の問題の，§2では省略した部分だ．どんな「既知の数列」と $b_n$ を比較するかに焦点をしぼって，まずは自力で考えてみよう．

**【解説】**

$$\frac{1}{2}+\frac{1}{4}+\frac{1}{8}+\cdots\cdots+\frac{1}{2^k}=1-\frac{1}{2^k}<1$$

の利用であろうと見当をつけられたかどうか.

$c_n=2^n$ を考え, $b_n>c_n$ ……☆ を示そう.

まず, $a_{n+2}\geqq3$ だから,

$$b_{n+2}-b_{n+1}=(a_{n+2}-1)b_{n+1}-b_n=(a_{n+2}-2)b_{n+1}+(b_{n+1}-b_n)>0$$

は, $b_2-b_1=a_1a_2-a_1-1=a_1(a_2-1)-1>0$ とより帰納的に明らか.

次に, ☆を帰納法で示す.

$$b_1=a_1\geqq3>2=c_1,\quad b_2=a_1a_2-1\geqq8>4=c_2$$

さらに, $b_n>2^n$ $(=c_n)$, $b_{n+1}>2^{n+1}$ $(=c_{n+1})$ とすると,

$$b_{n+2}=a_{n+2}b_{n+1}-b_n\geqq3b_{n+1}-b_n=2b_{n+1}+(b_{n+1}-b_n)>2b_{n+1}>2^{n+2}$$

となるので, ☆は帰納的に成立する.

$\left(よって\ \dfrac{1}{b_n}\ は\ \dfrac{1}{b_n}<\dfrac{1}{c_n}\ より\ \dfrac{1}{c_n}\ で上からおさえられ\right)$

$\displaystyle\sum_{n=1}^{k}\frac{1}{b_n}<\sum_{n=1}^{k}\frac{1}{c_n}=1-\frac{1}{2^k}<1$ が成り立つ.

\*　　　　　\*　　　　　\*

以上, 2例とも, 値がきっちりとは求められない数列だが, 既知の数列と比較することで値を"評価"できたのである.

## 3. ニュートン法

さて, 今度は, 「解けない漸化式」(一般項を $n$ で表せない) をもつ数列が, ある値に収束していくというタイプの問題を眺めることにしよう.

平方根の近似値を求めるのに適した方法はニュートン法だ.

右図を見てほしい. $a_n>\sqrt{p}$ とする.

$f(x)=x^2-p$ $(p>0)$ のグラフ上の点 $(a_n,\ f(a_n))$ で接線を引き, その接線が $(a_{n+1},\ 0)$ で $x$ 軸と交わるとすると,

$a_{n+1}$ は $a_n$ より $\sqrt{p}$ に近い

すなわち, $|a_{n+1}-\sqrt{p}|<|a_n-\sqrt{p}|$

であり, しかも感覚的には, $\sqrt{p}$ に限りなく近づいていくのではなかろうか?

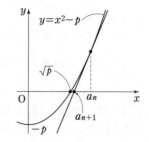

**問題 5**

$a_1=2$, $a_{n+1}=\dfrac{1}{2}\left(a_n+\dfrac{3}{a_n}\right)$ $(n=1,\ 2,\ 3,\ \cdots)$ をみたす数列 $\{a_n\}$ を考える.

（1） すべての自然数 $n$ に対して，次式の成立を示せ.

$$0<a_{n+1}-\sqrt{3}<\frac{1}{2\sqrt{3}}(a_n-\sqrt{3})^2 \quad\cdots\cdots\cdots\cdots\cdots\cdots\cdots☆$$

（2） $a_4$ の値と $\sqrt{3}$ の値の誤差は $10^{-7}$ 以下であることを示せ.

上記で $p=3$ の場合だ. $f(x)=x^2-3$ とおくと，点 $(a_n,\ f(a_n))$ での接線の式は，

$$y=2a_n(x-a_n)+a_n{}^2-3 \quad\cdots\cdots\cdots\cdots\cdots\cdots\cdots\cdots\cdots\cdots①$$

よって $x$ 軸と①の交点の $x$ 座標は $a_{n+1}=\dfrac{1}{2}\left(a_n+\dfrac{3}{a_n}\right)$ となる.

【解説】

（1） $a_{n+1}-\sqrt{3}=\dfrac{1}{2}\left(a_n+\dfrac{3}{a_n}\right)-\sqrt{3}$

$$=\frac{1}{2a_n}(a_n-\sqrt{3})^2$$

この式から，$a_n>\sqrt{3}$ なら 右辺$>0$，すなわち 左辺$=$右辺$>0$ がわかる.
よって $a_1=2\ (>\sqrt{3})$ からはじめれば，帰納的に $n\geqq2$ についても $a_n>\sqrt{3}$.

これで☆の左側は示された. これを用いて，

$$a_{n+1}-\sqrt{3}=\frac{1}{2a_n}(a_n-\sqrt{3})^2<\frac{1}{2\sqrt{3}}(a_n-\sqrt{3})^2$$

すなわち，☆の右側の不等式も示される.

（2） $0<a_4-\sqrt{3}<\dfrac{1}{2\sqrt{3}}(a_3-\sqrt{3})^2$

$$<\frac{1}{2\sqrt{3}}\left\{\frac{1}{2\sqrt{3}}(a_2-\sqrt{3})^2\right\}^2=\frac{1}{(2\sqrt{3})^3}(a_2-\sqrt{3})^4$$

$$<\frac{1}{(2\sqrt{3})^3}\left\{\frac{1}{2\sqrt{3}}(a_1-\sqrt{3})^2\right\}^4=\frac{1}{(2\sqrt{3})^7}(2-\sqrt{3})^8$$

ここで，$1.7^2=2.89<3<3.24=1.8^2$ だから，
$$2-\sqrt{3}<0.3,\quad 2\sqrt{3}>3$$
であり，
$$0<a_4-\sqrt{3}<3^{-7}\cdot(0.3)^8=3\times10^{-8}<10^{-7}$$

\* \* \*

これは大学の「数値解析」で習うニュートン法を，受験調に $\sqrt{3}$ の近似値を求める問題に適用したものだが，一般に，方程式の解の近似値を計算する際に，ニュートン法（ここでは定義しないが上記のようなやり方と思ってくれればよい）で近づいていく方法は，近づき方（収束のスピード）が結構早い．

## 4. $a_{n+1}=f(a_n)$ と収束

ところでニュートン法を，次のような観点から眺めてみよう．問題5であれば，「関数 $f(x)=\dfrac{1}{2}\left(x+\dfrac{3}{x}\right)$ に対して，$a_1=2$，$a_{n+1}=f(a_n)$ で数列 $\{a_n\}$ を定義する．このとき $\lim_{n\to\infty}a_n$ の値は何か」と捉えるのである．

もちろん問題5について $\lim_{n\to\infty}a_n=\sqrt{3}$ である．

ただ，入試で $f(x)$ がいろいろに与えられたとき，ちょっと難しい問題点が出てくる．

---

問題6

関数 $f(x)=\dfrac{1}{2}x\{1+e^{-2(x-1)}\}$ とする．ただし，$e$ は自然対数の底である．

（1）$x>\dfrac{1}{2}$ ならば，$0\leqq f'(x)<\dfrac{1}{2}$ であることを示せ．

（2）$x_0$ を正の数とするとき，数列 $\{x_n\}$（$n=0,1,\cdots$）を，$x_{n+1}=f(x_n)$ によって定める．

$x_0>\dfrac{1}{2}$ であれば，$\lim_{n\to\infty}x_n=1$ であることを示せ． （東大）

---

本問には「問題点」はない．定石にしたがって解けるのである．その定石は(1)で誘導されている．

【解説】

（1） $f'(x) = \dfrac{1}{2} + \dfrac{1}{2}x \cdot (-2)e^{-2(x-1)} + \dfrac{1}{2}e^{-2(x-1)}$

$\qquad\qquad = \dfrac{1}{2} - \underwave{e^{-2(x-1)}\left(x - \dfrac{1}{2}\right)} < \dfrac{1}{2}$ （$\because$ $x > \dfrac{1}{2}$ より〜〜部 > 0）

また

$\qquad f''(x) = -e^{-2(x-1)} \cdot 1 + 2e^{-2(x-1)}\left(x - \dfrac{1}{2}\right) = 2e^{-2(x-1)}(x-1)$

であり，これから増減表（右）を作って考
えると $f'(x)$ は $x = 1$ で極小値 0 をとる．
以上より，

| $x$ | $\frac{1}{2}$ | $\cdots$ | 1 | $\cdots$ |
|---|---|---|---|---|
| $f''(x)$ | | $-$ | 0 | $+$ |
| $f'(x)$ | | $\searrow$ | 0 | $\nearrow$ |

$\qquad\qquad 0 \leqq f'(x) < \dfrac{1}{2}$ ………………①

（2） これには定型的解法がある．極限値を $\alpha$ として，
$|x_{n+1} - \alpha| < c|x_n - \alpha|$ となるような 1 未満の定数 $c$ を見つければよいのだ
（常に $x \neq \alpha$ とする）．このような $c$ に対して帰納的に，

$\qquad\qquad 0 < |x_n - \alpha| < c|x_{n-1} - \alpha| < \cdots < c^{n-1}|x_1 - \alpha|$ ………………②

が成立し，$n \to \infty$ とすると，ハサミウチの原理から，

$\qquad\qquad \lim_{n\to\infty} |x_n - \alpha| = 0 \qquad \therefore \quad \lim_{n\to\infty} x_n = \alpha$

となる．

さて，本問の $c$ を求めるには，「平均値の定理」を使う．

まず，$x_0 > \dfrac{1}{2}$ のとき，（1）から $x_n \geqq f(x_0) > f\left(\dfrac{1}{2}\right) = \dfrac{1+e}{4} > \dfrac{1}{2}$

すると平均値の定理より，区間 $\left(\dfrac{1}{2},\ \infty\right)$ に

$\qquad\qquad f(x_n) - f(1) = f'(c_n)(x_n - 1) \quad (x_n \neq 1)$

となる $c_n$ が存在する．そこで①より，

$\qquad\qquad |x_{n+1} - 1| = |f(x_n) - 1| = f'(c_n)|x_n - 1| < \dfrac{1}{2}|x_n - 1|$

そこで定数 $c$ を $\dfrac{1}{2}$ とすれば，②のようにして，$\lim_{n\to\infty} x_n = 1$ を示せる．

▷注　以上大雑把に解説したが，答案では $x_0 = 1$ の場合は区別しよう．こ
のときは常に $x_n = 1$ だ．（なお，$x_0 \neq 1$ なら常に $x_n \neq 1$ だ．）

$\qquad\qquad *\qquad\qquad *\qquad\qquad *$

これが「平均値の定理 ⇨ ある区間での $|f'(x)|<c$ となる 1 未満の定数 $c$ を発見しそれを利用」という定石だが，次の問いはその定石が利かない．

---

**問題7**

関数 $f(x)$ を，$f(x)=\dfrac{3x^2}{2x^2+1}$ とする．

（1）　$0<x<1$ ならば $0<f(x)<1$ となることを示せ．

（2）　$f(x)-x=0$ となる $x$ をすべて求めよ．

（3）　$\dfrac{1}{2}<\alpha<1$ とし，数列 $\{a_n\}$ を $a_1=\alpha$，

　$a_{n+1}=f(a_n)$ $(n=1,\ 2,\ \cdots)$ で定めるとき，$\displaystyle\lim_{n\to\infty}a_n=1$ を示せ．

---

北大の問題だが（3）は少し変えてある（原題は $0<\alpha<1$ で，$\alpha$ の値に応じて極限を求めさせる問）．

【解説】

（1）（2）は簡単なので，（2）の答のみ記すと，**0**，$\dfrac{1}{2}$，**1**

問題は（3）で $|a_{n+1}-1|<c|a_n-1|$ $(c<1)$ なる定数 $c$ を求めたいのだが，$f'$ が 1 以上になる区間があるために定石の平均値の定理が利かないのだ．

そのために先程の $c$ を発見する別の工夫が要る．

$$|f(x)-f(1)|<c|x-1|$$

$$\Longleftrightarrow 1-\frac{3x^2}{2x^2+1}<c(1-x) \quad (\text{区間 } \tfrac{1}{2}<x<1 \text{ ではこの変形は可})$$

$$\Longleftrightarrow \frac{(1+x)(1-x)}{1+2x^2}<c(1-x) \Longleftrightarrow \frac{1+x}{1+2x^2}<c$$

として式を眺めてみよう．$c$ は，$\dfrac{1+x}{1+2x^2}$ より大きく 1 より小さい定数に設定しなければならない．

そこで考えつく．初期値 $a_1=\alpha$ の値に応じて，$c=\dfrac{1+\alpha}{1+2\alpha^2}$ とおいてみたらどうか？

試せばわかるが，このcは確かに 1 より小さい．$\alpha$ に応じて定数でもある．

そして，$\dfrac{1+x}{1+2x^2}$ は区間 $\left(\dfrac{1}{2},\ 1\right)$ で減少関数，一方 $a_n$ は増加列なので，す

92

べての $n$ について，$|a_{n+1}-1| \leqq \dfrac{1+\alpha}{1+2\alpha^2}|a_n-1|$ もいえる．

　結局この $c$ について②を適用すれば問題は解けるのだが，〜〜〜の考え方は難しいし，以降の記述も一筋縄ではいかない．

　実は大学初年級で習う次の事実を使えばあっさり解決するのだが，出題者の意図はどちらにあったのだろう？

[事実]

　単調に増加する数列が上界（すべての項がそれ以下であるような実数の定数）をもてば，その数列は収束する．

　これを認めてしまえば $\dfrac{1}{2}<\alpha<1$ のとき $a_n<a_{n+1}$ （単調増加）はすぐ示すことができ，収束の値の候補は，

$$\lim_{n\to\infty}a_n=\lim_{n\to\infty}a_{n+1}$$
$$=\lim_{n\to\infty}f(a_n)$$

より，（2）で求めた $x$ のうち $\dfrac{1}{2}$ より大なもの，すなわち1であることはすぐわかる．
（右図グラフを参考にせよ）．

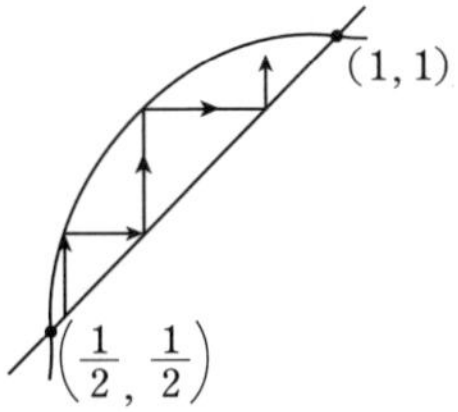

\* 　　　\* 　　　\*

　ただ，このような事実を認めてしまうと，数列の単調性と $f(x)=x$ なる $x$ の値（不動点の値）だけ示すような答案が沢山出るだろうから，先の東大の問題まで影響はあるかもしれない．意外に厄介な問題点があるものだ．

\* 　　　\* 　　　\*

　ちなみに，区間のいたるところで $f'(x)\geqq m$ （1より大きな定数）の関数について $a_{n+1}=f(a_n)$ と定めた場合は，$\lim\limits_{n\to\infty}a_n=k$ となるような初期値 $a_1$ が存在するとすれば，$a_n$ はどこか有限な $n$ について，不動点の値と一致しなければならない．

　さもないと，$a_n$ が十分 $k$ に近づいてきたなと思ったとたん，平均値の定理より，

$$|a_{n+1}-k|=|f'(x)||a_n-k|\geqq m|a_n-k|$$

となってしまい，数列はこの区間から抜けるまで $k$ から遠ざかっていってしまうのである．

　これが§7の最終問題6のケースだ．

# §9 三角関数, $x+\dfrac{1}{x}$ と漸化式

今回のテーマは，主に「三角関数と漸化式」だ．大まかに分けると，2つのタイプを扱う．

1つ目は，倍角公式，半角公式など，三角関数の諸公式が漸化式の背後に隠れている場合だ．例えば，

$$\cos\frac{\theta}{2}=\sqrt{\frac{1+\cos\theta}{2}}\ \text{だが，これからは}\ f(x)=\sqrt{\frac{1+x}{2}}$$

として，$a_{n+1}=f(a_n)$ という数列（ただし $|a_1|\leqq1$）が作れる．

もう1つは，いわゆる「三項間の1次漸化式」に関係ある形で，$n$ 項目が $\alpha^n+\beta^n$ の形になる（あとで解説）ことを利用した問題だ．早速1つ目から行こう．

## 1．素朴な例から

次の問題は，一度，三角関数と漸化式の問題に目を見張り，考えた経験がある人だとお手のものだろう．

---

**問題1**

数列 $a_1$, $a_2$, $\cdots$, $a_n$, $\cdots\cdots$ は，$a_{n+1}=\dfrac{2a_n}{1-a_n{}^2}$ $(n=1,\ 2,\ 3,\ \cdots)$

をみたすものとする．以下の問いに答えよ．

（1） $a_1=\dfrac{1}{\sqrt{3}}$ とするとき，一般項 $a_n$ を求めよ．

（2） $\tan\dfrac{\pi}{12}$ の値を求めよ．

（3） $a_1=\tan\dfrac{\pi}{20}$ とするとき，$a_{n+k}=a_n$ $(n=3,\ 4,\ 5,\ \cdots)$ をみたす

最小の自然数 $k$ を求めよ． （九州大）

---

$\tan$ の加法定理（倍角公式）を背景にした出題だ．

**【解説】**

（1）　［順に計算すると，$a_1=\sqrt{3}/3$，$a_{2k}=\sqrt{3}$，$a_{2k+1}=-\sqrt{3}$ となるが］

$\tan 2\theta=\dfrac{2\tan\theta}{1-\tan^2\theta}$ であり，$f(x)=\dfrac{2x}{1-x^2}$，$a_n=\tan\theta_n$ とおくと，

$a_{n+1}=f(a_n)=f(\tan\theta_n)=\tan 2\theta_n$ である．よって，$a_1=\tan\theta$ のとき，

$a_1=\tan\theta$，$a_2=\tan 2\theta$，$a_3=\tan 2^2\theta$，$\cdots$，$a_n=\tan 2^{n-1}\theta$　$\cdots\cdots\cdots\cdots$☆

$a_1=\dfrac{1}{\sqrt{3}}=\tan\dfrac{\pi}{6}$ のときは $\theta=\dfrac{\pi}{6}$ の場合で，$\boldsymbol{a_n=\tan 2^{n-1}\cdot\dfrac{\pi}{6}=\tan\dfrac{2^{n-2}}{3}\pi}$

（2）　$\tan\dfrac{\pi}{12}=x$ とおくと，$\tan\dfrac{\pi}{6}=\dfrac{2x}{1-x^2}=\dfrac{1}{\sqrt{3}}$ より $x^2+2\sqrt{3}\,x-1=0$

この2次方程式の正の解を求めればよい．$\boldsymbol{x=2-\sqrt{3}}$

（3）　☆式をくりかえし用いて初項から書き並べると，

$\tan\dfrac{\pi}{20}$，$\tan\dfrac{\pi}{10}$，$\tan\dfrac{\pi}{5}$，$\tan\dfrac{2}{5}\pi$，$\tan\dfrac{4}{5}\pi$，

$\tan\dfrac{8}{5}\pi\left(=\tan\dfrac{3}{5}\pi\right)$，$\tan\dfrac{6}{5}\pi\left(=\tan\dfrac{\pi}{5}\right)$

となり，$a_3=a_7$ となる．ここからは循環するので，数列 $\{a_n\}$ は3項目以降は周期4でくりかえす．答えは，$\boldsymbol{k=4}$

＊　　　　　＊　　　　　＊

これは背後の漸化式が tan の倍角公式であることさえ見破れば素直に解ける問題だろう．

次は，別に三角関数を用いるまでもないが，用いた方が記述しやすい．

---

**問題2**

初項が $a_1=\sqrt{2}$ で，漸化式 $a_{n+1}=\sqrt{2+a_n}$（$n=1,2,3,\cdots$）で定義される数列 $\{a_n\}$ について以下の問いに答えよ．

（1）　$\log(a_1-1)+\log(a_2-1)+\log(a_3-1)+\log(a_3+1)$ の値を求めよ．

（2）　すべての正の整数 $n$ について，次の不等式が成り立つことを示せ．$0<2-a_n<\dfrac{1}{2^{n-1}}$

（3）　$\displaystyle\sum_{n=1}^{\infty}\log(a_n-1)$ を求めよ．　　　　　　　　　（早稲田大）

---

例えば $a_3=\sqrt{2+\sqrt{2+\sqrt{2}}}$ となる．（1）は普通に解いてみよう．

**【解説】**

（1） $\log(a_1-1)(a_2-1)(a_3-1)(a_3+1)$ を求めればよい．

$$(a_3-1)(a_3+1)=a_3{}^2-1=2+\sqrt{2+\sqrt{2}}-1=\sqrt{2+\sqrt{2}}+1$$

$$(a_3-1)(a_3+1)\cdot(a_2-1)=(\sqrt{2+\sqrt{2}}+1)(\sqrt{2+\sqrt{2}}-1)$$
$$=2+\sqrt{2}-1=\sqrt{2}+1$$

$$(a_3-1)(a_3+1)(a_2-1)\cdot(a_1-1)=(\sqrt{2}+1)(\sqrt{2}-1)=1$$

だから，与式 $=\log 1=\mathbf{0}$

要するに，$(a_3-1)(a_3+1)=a_2+1$，$(a_2+1)(a_2-1)=a_1+1$，
$(a_1+1)(a_1-1)=a_1{}^2-1=1$ と同じ形が続くわけだ．

これを三角関数を使って眺めるとどうなるか？

$a_1=2\cos\theta\left(\theta=\dfrac{\pi}{4}\right)$ とおいてみよう．

$$a_2=\sqrt{2(1+\cos\theta)}=2\sqrt{\frac{1+\cos\theta}{2}}=2\cos\frac{\theta}{2}$$

同様に半角公式を用いていくと，

$$a_3=2\cos\frac{\theta}{4},\ a_4=2\cos\frac{\theta}{8},\ \cdots,\ a_n=2\cos\frac{\theta}{2^{n-1}}$$

となる．

ちなみに，

$$(a_3+1)(a_3-1)=\left(2\cos\frac{\theta}{4}+1\right)\left(2\cos\frac{\theta}{4}-1\right)$$
$$=4\cos^2\frac{\theta}{4}-1=2\left(2\cos^2\frac{\theta}{4}-1\right)+1=2\cos\frac{\theta}{2}+1=a_2+1$$

などの式は，もちろん，ここからも導けるが，使うまでもないだろう．

（2） これは上記三角関数を使うと楽だ．

$x>0$ で，$x>\sin x$ は以下証明ぬきに使うことにする．上記のように，

$$a_n=2\cos\frac{\theta}{2^{n-1}}=2\cos\frac{\pi}{2^{n+1}}$$

となるので $0<2\left(1-\cos\dfrac{\pi}{2^{n+1}}\right)<\dfrac{1}{2^{n-1}}$ を示せばよいが，左側の不等式は

自明．ここで，$\dfrac{\pi}{2^{n+1}}=a$ とおくと，

$$中辺 = 2(1-\cos a) = 4\sin^2\frac{a}{2} < 4\cdot\left(\frac{a}{2}\right)^2 = a^2 = \frac{\pi^2}{2^{2n+2}}$$

そこで，$\dfrac{\pi^2}{2^{2n+2}} < \dfrac{1}{2^{n-1}} \Longleftrightarrow \pi^2 < 2^{n+3}$ （$n=1$, $2$, $\cdots$）を示せばよいが，

左辺は $\pi<4$ より $\pi^2<16$ であり，右辺は，最低でも $2^4=16$ なので，示された．

（3） これは大筋を示して簡単に切りあげよう．

$\sum\limits_{n=1}^{k}\log(a_n-1)+\log(a_k+1)$ （$k=1$, $2$, $\cdots$）は（1）と同様にして帰納的

に考えると，0 となることがわかる．

よって，$\sum\limits_{n=1}^{k}\log(a_n-1) = -\log(a_k+1)$

ここで $k\to\infty$ とすることで

$$\lim_{k\to\infty}\sum_{n=1}^{k}\log(a_n-1) = -\lim_{k\to\infty}\log(a_k+1) = \mathbf{-\log 3}$$

（$\because$ （2）の不等式で $n\to\infty$ とすれば，ハサミウチの原理で，$\lim\limits_{n\to\infty}a_n=2$ が

わかる）

## 2．三項間 1 次の漸化式

1. で扱った 2 例は，漸化式の背後に三角関数の公式を見抜いてしまえば，

あとは一直線だ．

今度は別のタイプの話をしよう．

「最初の 2 項を決め（$a_1=a$, $a_2=b$），漸化式 $a_{n+2}=pa_{n+1}-qa_n$ （$n\geqq1$）

で定まる数列」

を考えてみよう．

このタイプは有名だから既習だという諸君も多いかもしれないが，念のた

め，次の予備知識はもっておこう．

（予備知識）

方程式 $t^2-pt+q=0$ が 0 でない異なる 2 解 $\alpha$, $\beta$（$\alpha$, $\beta$ は実数でも複素

数でも構わない）をもつとき，この数列の一般項 $a_n$ は定数 $c$, $d$ を用いて

$$a_n = c\cdot\alpha^n + d\cdot\beta^n \quad \cdots\cdots\cdots\cdots\cdots\cdots\cdots\cdots\cdots\cdots\cdots \bigstar$$

の形で表すことができる．

［その理由］

この数列は初項，第 2 項が定まっており，漸化式を用いると $a_3$ 以降は明

らかに一意に決まる．そこでまず $\bigstar$ の $n$ に 1，2 に代入し

$$\begin{cases} a_1 = a = c\alpha + d\beta \\ a_2 = b = c\alpha^2 + d\beta^2 \end{cases}$$

とし，これを $c$ と $d$ についての連立方程式と見なすと，この連立方程式は解をもつ（ここは簡単に計算で示せるので自力で確かめて下さい）．

さて，このように決めた $c$，$d$ に対して，$b_n = c\alpha^n + d\beta^n$（$n=1,\ 2,\ \cdots$）と数列 $\{b_n\}$ を定めてみよう．すると，

$b_1 = c\alpha + d\beta = a_1$，$b_2 = c\alpha^2 + d\beta^2 = a_2$ で，

$$b_{n+2} = c\alpha^{n+2} + d\beta^{n+2} \quad \cdots\cdots\cdots\cdots\cdots\cdots\cdots\cdots\cdots\cdots\cdots\cdots\cdots\cdots①$$

ここで，$\alpha$，$\beta$ は $t^2 - pt + q = 0$ の解だから，

$\alpha^2 - p\alpha + q = 0$ より，$\alpha^{n+2} = p\alpha^{n+1} - q\alpha^n$

$\beta^2 - p\beta + q = 0$ より，$\beta^{n+2} = p\beta^{n+1} - q\beta^n$

これらを用いると，

①$= c(p\alpha^{n+1} - q\alpha^n) + d(p\beta^{n+1} - q\beta^n) = p(c\alpha^{n+1} + d\beta^{n+1}) - q(c\alpha^n + d\beta^n)$

$\quad = pb_{n+1} - qb_n$

となり，$\{a_n\}$ と漸化式の形が同じになるから，$n \geqq 3$ でも $a_n = b_n$ がいえる．

よって，$\{a_n\}$ と $\{b_n\}$ は同じ数列である．

$$* \qquad\qquad * \qquad\qquad *$$

さて，ここで $c$ や $d$ の値が $1$ のときには，数列の一般項は $\alpha^n + \beta^n$ となるからきわめて扱いやすくなる．

また，$\alpha$ や $\beta$ のあいだに，$\alpha + \beta = 1$ とか $\alpha\beta = 1$ とかいう関係を設定すると漸化式がシンプルになって扱いやすい．三項間の $1$ 次の漸化式と三角関数の数列がからむのは，そんな場合だ．

---

**問題 3**

$0 \leqq c \leqq 1$ とする．数列 $\{a_n\}$ が帰納的に，

$$a_1 = 1,\ a_2 = 1 - \frac{c}{2},\ a_n = a_{n-1} - \frac{c}{4}a_{n-2} \quad (n \geqq 3)$$

で定義されている．このとき，

$$a_n = \sin^{2n}\theta + \cos^{2n}\theta \quad (n = 1,\ 2,\ \cdots)$$

を満たす $\theta\ \left(0 \leqq \theta \leqq \dfrac{\pi}{4}\right)$ が存在することを示せ． （東北大）

$a_2$ について，$c$ を $\theta$ の式で表し，これから帰納法，という流れでも十分だが，ここはせっかく予備知識をもったのだから，問題の背景を見ぬく練習をしよう．

## 【解説】

与えられた漸化式は三項間1次のもので，一般項が
$$a_n = (\sin^2\theta)^n + (\cos^2\theta)^n$$
であることから，先程の予備知識で
$$c = d = 1 \quad (\text{この } c \text{ は問題3の } c \text{ とは異なります})$$
$$\alpha = \sin^2\theta, \quad \beta = \cos^2\theta$$
の場合ではないかという見当は，すぐつくだろう．

すると，方程式 $t^2 - pt + q = 0$ にあたるのは，
$$t^2 - (\sin^2\theta + \cos^2\theta)t + \sin^2\theta\cos^2\theta = 0$$
すなわち，
$$t^2 - t + \sin^2\theta\cos^2\theta = 0$$
であり，漸化式は，
$$a_n = a_{n-1} - (\sin^2\theta\cos^2\theta)a_{n-2} \quad \cdots\cdots\cdots\cdots\cdots\cdots① $$
の形になるのではなかろうか？

そのように考えて，与えられた漸化式と見くらべてみると，どうやら，
$$c = 4\sin^2\theta\cos^2\theta \ (= \sin^2 2\theta) \quad \cdots\cdots\cdots\cdots② $$
らしいと見当がつく．

＊ ＊ ＊

逆に $0 \leqq c \leqq 1$ のとき，確かに $\sin^2 2\theta = c$ となる $\theta \left(0 \leqq \theta \leqq \dfrac{\pi}{4}\right)$ は存在するから，$c$ を②のようにおくと，
$$a_1 = 1 = \cos^2\theta + \sin^2\theta$$
$$a_2 = 1 - \frac{c}{2} = 1 - 2\sin^2\theta\cos^2\theta$$
$$= (\cos^2\theta + \sin^2\theta)^2 - 2\sin^2\theta\cos^2\theta$$
$$= \cos^4\theta + \sin^4\theta$$
また，$a_{n-2} = (\sin^2\theta)^{n-2} + (\cos^2\theta)^{n-2}$
$$a_{n-1} = (\sin^2\theta)^{n-1} + (\cos^2\theta)^{n-1}$$
を仮定すれば，①に代入して，

$$a_n = (\sin^2\theta)^{n-1} + (\cos^2\theta)^{n-1} - \sin^2\theta\cos^2\theta\{(\sin^2\theta)^{n-2} + (\cos^2\theta)^{n-2}\}$$
$$= (\sin^2\theta)^{n-1}(1-\cos^2\theta) + (\cos^2\theta)^{n-1}(1-\sin^2\theta)$$
$$= (\sin^2\theta)^n + (\cos^2\theta)^n = \sin^{2n}\theta + \cos^{2n}\theta$$

となって，確かに，問題文の式を満たす．

＊　　　　　＊　　　　　＊

　背景が見抜けると，これらの問題には，見た瞬間，「ああ，$\alpha^n + \beta^n$ のタイプか」と反応できるようになるだろう．

　ところで，問題3は問題3の直前の――部で，$\alpha+\beta=1$ の場合を扱ったものなのだが，今度は $\alpha\beta=1$ の場合を扱うとどうなるだろう？

　極めて面白い結果が出てくる．

---

**問題（というより課題）4**

　次の2つの『問題』を見くらべて，その関連を考究せよ．

1. 多項式の列 $f_n(x)$ $(n=0,\ 1,\ 2,\ \cdots)$ が
$$\begin{cases} f_0(x)=2,\ f_1(x)=x, \\ f_n(x)=xf_{n-1}(x)-f_{n-2}(x) \quad (n=2,\ 3,\ 4,\ \cdots) \end{cases}$$
をみたすとき，$f_n(2\cos\theta)=2\cos n\theta$ が成り立つことを示せ．

2. 数列 $\{a_n\}$ を $a_n = x^n + \dfrac{1}{x^n}$ で定義するとき，$a_n = a_1 a_{n-1} - a_{n-2}$ が成り立つことを示せ．

---

　どちらも，単独で解けばすんなり解けるだろう．一応示しておく．

1. 帰納法で示す．

　$n=0$ のとき，$f_0(2\cos\theta)=2=2\cos(0\times\theta)$ で成立．

　$n=1$ のとき，$f_1(2\cos\theta)=2\cos\theta$ となり成立．

　$n\leq k$ $(k\geq 1)$ のときの成立を仮定し，$n=k+1$ の場合の成立を示そう．
$$f_{k+1}(2\cos\theta)=2\cos\theta f_k(2\cos\theta)-f_{k-1}(2\cos\theta)$$
$$=2\cos\theta\cdot 2\cos(k\theta)-2\cos(k-1)\theta$$
$$=4\cos\theta\cdot\cos(k\theta)-2\cos\theta\cos(k\theta)-2\sin\theta\sin(k\theta)$$
$$=2\{\cos\theta\cos(k\theta)-\sin\theta\sin(k\theta)\}$$
$$=2\cos(k+1)\theta$$
（$\cos\theta$ の加法定理を2度用いた）

となり成立する（以上より帰納法で題意は示された）．

**2.** これは計算のみ

$a_1 a_{n-1} - a_{n-2}$

$$= \left( x + \frac{1}{x} \right) \left( x^{n-1} + \frac{1}{x^{n-1}} \right) - \left( x^{n-2} + \frac{1}{x^{n-2}} \right)$$

$$= x^n + \frac{1}{x^n} + x^{n-2} + \frac{1}{x^{n-2}} - x^{n-2} - \frac{1}{x^{n-2}} = a_n$$

となる.

\* \* \*

では，この 2 問の「関係」は何なのだろう．これが p.98——部で $\alpha\beta = 1$ とおいた場合なのだ.

方程式 $t^2 - (\alpha+\beta)t + \alpha\beta = 0$ の 2 解は $\alpha$ と $\beta$ だ．そこで，$a_n = \alpha^n + \beta^n$ で表される数列の漸化式は，

$$a_n = (\alpha+\beta)a_{n-1} - \alpha\beta a_{n-2} \cdots\cdots\cdots\cdots\cdots\cdots\cdots\cdots\cdots\cdots\cdots (*)$$

ということになる．ここで，$\alpha\beta = 1$ となるように $\alpha$ と $\beta$ を工夫して入れてみよう.

（ i ） $\alpha = x$, $\beta = \dfrac{1}{x}$ のとき，$a_0 = x^0 + \left( \dfrac{1}{x} \right)^0 = 2$, $a_1 = x + \dfrac{1}{x}$ とすれば，

$$a_n = \left( x + \frac{1}{x} \right)a_{n-1} - a_{n-2} = a_1 a_{n-1} - a_{n-2}$$

を漸化式にもつ数列の一般項は，$x^n + \dfrac{1}{x^n}$ となる.

これが 2. の場合で，こちらはすぐ見抜けるだろう.

（ ii ） $\alpha = \cos\theta + i\sin\theta$, $\beta = \cos\theta - i\sin\theta$ のとき，

$$a_0 = \alpha^0 + \beta^0 = 2, \quad a_1 = \alpha + \beta = 2\cos\theta,$$

$$a_n = (\alpha+\beta)a_{n-1} - \alpha\beta \cdot a_{n-2} = a_1 a_{n-1} - a_{n-2}$$

を漸化式にもつ数列の一般項 $a_n$ は

$$a_n = \alpha^n + \beta^n = (\cos\theta + i\sin\theta)^n + (\cos\theta - i\sin\theta)^n$$

$$= (\cos n\theta + i\sin n\theta) + (\cos n\theta - i\sin n\theta)$$

$$= 2\cos n\theta \quad (\text{ド・モアブルの定理を用いた})$$

ここで，$a_n$ を $f_n(x)$ に，$a_1$ を $x$ に書きかえれば，1. となるわけだ.

一見異なる問題のように見えるが，実は双子のような関係にあり，そのため漸化式の形が似ていたわけである．（ちなみに，1. の $f_n(x)$ はチェビシェフの多項式と呼ばれる多項式と関連が深い.）

## 3. 挑戦してみよう

最後に，$x^n + \dfrac{1}{x^n}$ に関連したちょっと粋な問題に挑戦してみよう．

**問題5**

$a$ は 2 より大きい与えられた実数である．数列 $\{a_n\}$ を

$$a_0 = 1, \quad a_1 = a, \quad a_{n+1} = \left( \frac{a_n^2}{a_{n-1}^2} - 2 \right) a_n \quad (n = 1,\ 2,\ 3,\ \cdots)$$

で定義するとき，すべての自然数 $k$ に対して，

$$\frac{1}{a_0} + \frac{1}{a_1} + \cdots\cdots + \frac{1}{a_k} < \frac{1}{2}\left( 2 + a - \sqrt{a^2 - 4}\,\right)$$

が成り立つことを示せ． （IMO 候補問題）

$\left( x + \dfrac{1}{x} \right)^2 - 2 = x^2 + \dfrac{1}{x^2}$ ……☆ という等式がカギだ．

**【解説】**

$a > 2$ だから，実数 $x > 0$ を用いて $a = x + \dfrac{1}{x}$ と書くことができる．

$b_n = \dfrac{a_n}{a_{n-1}}$ とおいて，漸化式を眺めると，

$$b_1 = a = x + \frac{1}{x}, \quad b_{n+1} = b_n^2 - 2 \quad (n = 1,\ 2,\ 3,\ \cdots)$$

そこで☆をくり返し用いて帰納的に，

$$b_2 = x^2 + \frac{1}{x^2}, \quad b_3 = x^4 + \frac{1}{x^4}, \quad \cdots, \quad b_n = x^{2^{n-1}} + \frac{1}{x^{2^{n-1}}}$$

のようになる．これから順に，

$$a_0 = 1, \quad a_1 = x + \frac{1}{x}, \quad a_2 = \left( x + \frac{1}{x} \right)\left( x^2 + \frac{1}{x^2} \right),$$

$$a_3 = \left( x + \frac{1}{x} \right)\left( x^2 + \frac{1}{x^2} \right)\left( x^4 + \frac{1}{x^4} \right), \quad \cdots$$

のようになる．

さて，$a = x + \dfrac{1}{x}$ より，$x^2 - ax + 1 = 0$

これを $x$ の2次方程式と見ると，$x=\dfrac{a\pm\sqrt{a^2-4}}{2}$

そこで，2解のうち小さい方を $\alpha$ とおくと $\alpha<1$ で（2解の積＝1から分かる），示すべき不等式の右辺は $\alpha+1$ となる．

一方，左辺は，（$b_n=\alpha^{2^{n-1}}+\dfrac{1}{\alpha^{2^{n-1}}}$ より $\dfrac{1}{b_n}=\dfrac{\alpha^{2^{n-1}}}{1+\alpha^{2^n}}$ となり，これを $c_n$ とおくと）$1+c_1+c_1c_2+\cdots+(c_1\cdots c_k)$ となるので，示すべき式は，

$$1+c_1+c_1c_2+\cdots+(c_1\cdots c_k)<1+\alpha \quad\cdots\cdots\cdots\cdots\cdots\cdots①$$

である．これを数学的帰納法で示すことにしよう．

$k=1$ のとき，①は，

$$1+\frac{\alpha}{1+\alpha^2}<1+\alpha \Longleftrightarrow 1+\alpha+\alpha^2<(1+\alpha)(1+\alpha^2) \Longleftrightarrow 0<\alpha^3$$

となって成立．

次に $k=n$ のときの成立を仮定しよう．すなわち，

$$1+\frac{\alpha}{1+\alpha^2}+\frac{\alpha}{1+\alpha^2}\cdot\frac{\alpha^2}{1+\alpha^4}+\cdots+\left(\frac{\alpha}{1+\alpha^2}\cdot\frac{\alpha^2}{1+\alpha^4}\cdot\cdots\cdot\frac{\alpha^{2^{n-1}}}{1+\alpha^{2^n}}\right)<1+\alpha \quad\cdots②$$

が成立すると仮定する．この②式は，$0<\alpha<1$ なるいかなる $\alpha$ についても成り立つことに注意しよう．

さて，示すべきは，$k=n+1$ のときの①式，つまり

$$1+\frac{\alpha}{1+\alpha^2}+\frac{\alpha}{1+\alpha^2}\cdot\frac{\alpha^2}{1+\alpha^4}+\cdots+\left(\frac{\alpha}{1+\alpha^2}\cdot\frac{\alpha^2}{1+\alpha^4}\cdot\cdots\cdot\frac{\alpha^{2^n}}{1+\alpha^{2^{n+1}}}\right)<1+\alpha \quad ③$$

だ．$\alpha>0$ だから，③の両辺から1を引き，$\dfrac{1+\alpha^2}{\alpha}$ をかけた式と③は同値である．この式は，

$$1+\frac{\alpha^2}{1+\alpha^4}+\frac{\alpha^2}{1+\alpha^4}\cdot\frac{\alpha^4}{1+\alpha^8}+\cdots+\left(\frac{\alpha^2}{1+\alpha^4}\cdot\frac{\alpha^4}{1+\alpha^8}\cdot\cdots\cdot\frac{\alpha^{2^n}}{1+\alpha^{2^{n+1}}}\right)<1+\alpha^2$$

であり，②の $\alpha$ を $\alpha\Rightarrow\alpha^2$ とした式と同一である．そこで，（$0<\alpha<1$ のとき，$0<\alpha^2<1$ だから）帰納的に③は成り立ち，帰納法は完成した．

# §10 数列の差分

「一般化」というのは数学の原則だ．似たような問題を解いたら，それら
には何か共通の原理，共通の法則があるかもしれない．そうした法則をもと
に今まで苦労して解いてきた問題群を眺めると，「何だ，こういうカラクリ
（仕かけ）で作られていた問題だったのか」とすっと腑に落ちることがある．
　今回は「数列の差分」をテーマにしてみよう．

## 1．差分を何度も行うと

　数列を調べるとき，階差数列を調べるとよいという話を§2でした．ある
数列 $\{a_n\}$ の階差数列を作るとは，

（上段が $\{a_n\}$，下段が階差数列）
となるような新しい数列を作ることをいう．
　さて，これを何度もくりかえしたらどうなるか？

図1

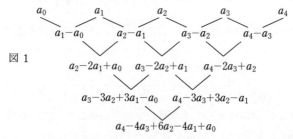

4回差をとっただけで表記がふくれあがって，これ以上はもう書けない！
　これでは不便なので，差をとって階差数列を作ることを「差分する」とい
うことにし，この数列を $\{\Delta a_n\}$ と表記することにしよう．例えば，

$$\Delta a_0 = a_1 - a_0,\ \Delta a_1 = a_2 - a_1,\ \Delta a_2 = a_3 - a_2,\ \cdots$$

のような具合だ．同様に，$\{\Delta a_n\}$ をもう一度差分してできる数列を $\{\Delta^2 a_n\}$
と名付けることにする．

$\Delta^2 a_0 = a_2 - 2a_1 + a_0$, $\Delta^2 a_1 = a_3 - 2a_2 + a_1$, … ということになる.

さて, ここには何か規則性がないだろうか?

図1で, $a_i$ の係数だけを抜き出してみると次のようになる ($a_i$ の添え字 $i$ が小さい順に左から書く).

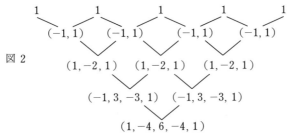

図2

これはきれいな規則性だ. 上から $n$ 段目には, パスカルの三角形の $n$ 段目 ($_nC_0$, $_nC_1$, …, $_nC_n$) が, 正負が1回ごとに交代する形で入っている.

これを問題にしてみよう.

---

**問題1**

$\{\Delta^k a_n\}$ の一般項 $\Delta^k a_n$ は

$$\Delta^k a_n = \sum_{i=0}^{k} (-1)^{k-i} {}_kC_i \cdot a_{n+i} \quad \cdots\cdots\cdots\cdots\cdots\cdots ①$$

であることを示せ.

---

当然, 数学的帰納法だろう.

【解説】

$k$ についての数学的帰納法で示す.

$k=1$ のときには明らかに成立.

そこで $k$ 以下での成立を仮定して (①式が成立ということ), $k+1$ の場合の成立を示す.

定義に即すれば, $\Delta^{k+1} a_n$ は $\Delta^{k+1} a_n = \Delta^k a_{n+1} - \Delta^k a_n$ のことだから,

$$\Delta^{k+1} a_n = \Delta^k a_{n+1} - \Delta^k a_n = \sum_{i=0}^{k} (-1)^{k-i} {}_kC_i a_{n+1+i} - \sum_{i=0}^{k} (-1)^{k-i} {}_kC_i a_{n+i}$$

$$= \sum_{i=1}^{k+1} (-1)^{k-i+1} {}_kC_{i-1} a_{n+i} - \sum_{i=0}^{k} (-1)^{k-i} {}_kC_i a_{n+i}$$

$$= \sum_{i=1}^{k} (-1)^{k+1-i} ({}_kC_{i-1} + {}_kC_i) a_{n+i} + a_{n+k+1} - (-1)^k a_n \quad \cdots\cdots②$$

ここで，$_k C_{i-1} + _k C_i = _{k+1} C_i$ だから，

$$② = \sum_{i=0}^{k+1} (-1)^{k+1-i} {}_{k+1} C_i a_{n+i}$$

となるので，$k+1$ の場合も成立（よって題意は示された）．

＊　　　　＊　　　　＊

さて，今度はよく似た別の場合を考えてみよう．図1で，隣の項同士の差をとる代わりに和をとってみる．

$$a_0 \qquad a_1 \qquad a_2 \qquad a_3 \qquad a_4$$
$$a_0+a_1 \qquad a_1+a_2 \qquad a_2+a_3 \qquad a_3+a_4$$

図 3

$$a_0+2a_1+a_2 \quad a_1+2a_2+a_3 \quad a_2+2a_3+a_4$$

$$a_0+3a_1+3a_2+a_3 \quad a_1+3a_2+3a_3+a_4$$

$$a_0+4a_1+6a_2+4a_3+a_4$$

よく似たタイプであることはすぐにわかる．そこで，このように次々と元の $\{a_n\}$ から次の数列を作る操作を考えよう．この操作には特に名前がついていないので，ここでは記号 $\{\nabla a_n\}$ で表すことに取り決める（一般的記法ではないので，公の場では使わないように…）．同様に，$\{\nabla^k a_n\}$ を定義すると，問題1と同様にして，$\{\nabla^k a_n\}$ の一般項が $\sum_{i=0}^{k} {}_k C_i \cdot a_{n+i}$ であることがわかる．

では，両者の関係はどんなものだろうか？

## 2．高階差分の反転公式

**問題2**

数列 $\{a_n\}$（$a_0$ からはじまり，一般項 $a_n$）に対して，数列 $\{b_n\}$ を，$b_0=a_0$，$b_n=\Delta^n a_0$ と定める．

このとき，

$$a_n = \sum_{i=0}^{n} {}_n C_i b_i \quad\cdots\cdots\cdots\cdots\cdots\cdots\cdots\cdots ☆$$

であることを（大雑把に）説明せよ．

106

## 【解説】

右図を見れば，感覚的にも明らかと思う．

数列 $\{a_n\}$ の階差をどんどんとっていくと左斜めに，$a_0$, $\Delta a_0$, $\Delta^2 a_0$, … と $\{b_n\}$ が並ぶ．

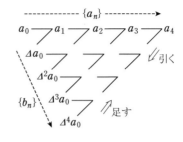

これを $\{b_n\}$ を中心に眺めると，$\{\nabla b_n\}$, $\{\nabla^2 b_n\}$ とどんどん和をとっていったときの上段（$\{b_n\}$ を上に書いたら左下斜めになる）が $\{a_n\}$ となる．

つまり，数列 $\{b_n\}$ に対して $\{a_n\}$ の一般項 $a_n$ は，数列 $\{b_n\}$ を $n$ 回「和をとったとき」の $n$ 番目の項になるわけだ．したがって☆式が成立する．

たとえば

$$a_4 = {}_4C_0 b_0 + {}_4C_1 b_1 + {}_4C_2 b_2 + {}_4C_3 b_3 + {}_4C_4 b_4$$

のようになるわけだ．

\*　　　　　\*　　　　　\*

これはちょっときれいな関係で，何回もある数列を差分したとき（高階差分したとき）$\{b_n\}$ にあたる数列が求まれば，逆に $\{a_n\}$ の方をうまく求めることができるわけだ．これは（正確な定義とは異なるが），高階差分における'反転公式'の一例である．

ところで，これがなにかの役に立つのだろうか？

$\sum\limits_{i=0}^{n} i^4$ を求めたいとする．通常高校範囲でこれを求めるには，方法はあるが，かなりの計算力を必要とする．

そこで，$a_n = \sum\limits_{i=0}^{n} i^4$ を差分してみよう．

右図のようになり，

$b_0 = a_0 = 0$, $b_1 = 1$, $b_2 = 15$, $b_3 = 50$, $b_4 = 60$, $b_5 = 24$ で，どうもそれ以降（$b_6$ 以降）は 0 らしい（この推測は実は正しい．p.112 を見るとわかる）．

| $a_0=0$ | $a_1$ | $a_2$ | $a_3$ | $a_4$ | $a_5$ | $a_6$ | $a_7$ |
|---|---|---|---|---|---|---|---|
| | 1 | $2^4$ | $3^4$ | $4^4$ | $5^4$ | $6^4$ | $7^4$ |
| | 15 | 65 | 175 | 369 | 671 | 1105 | |
| | 50 | 110 | 194 | 302 | 434 | | |
| | 60 | 84 | 108 | 132 | | | |
| | 24 | 24 | 24 | | | | |
| | 0 | 0 | | | | | |
| | 0 | | | | | | |

そこで，公式☆を適用すると $\{a_n\}$ は，

$$a_n = \sum_{i=0}^{n} i^4 = {}_n\mathrm{C}_0 \cdot 0 + {}_n\mathrm{C}_1 \cdot 1 + {}_n\mathrm{C}_2 \cdot 15 + {}_n\mathrm{C}_3 \cdot 50 + {}_n\mathrm{C}_4 \cdot 60 + {}_n\mathrm{C}_5 \cdot 24 + 0 + 0 + \cdots$$

$$= n + \frac{15n(n-1)}{2} + \frac{50n(n-1)(n-2)}{6} + \frac{60n(n-1)(n-2)(n-3)}{24}$$

$$+ \frac{24n(n-1)(n-2)(n-3)(n-4)}{120}$$

これ以上計算するのは面倒だが，この式は正しい．あまりパッとしないが，$\sum_{i=0}^{n} i^2$ の和を計算するときなどは結果はもっと楽に出る（ので自分でやってみてほしい）．

では，これを背景にした入試問題はあるのだろうか？ もちろんある．「予想→帰納法」の流れをとる問題群の中に，時折このタイプは隠れているのだ．

3題つづけて，眺めてみよう（問題の成り立ちを説明することに重点をおき，解きはしない）．

はじめの2題は，お互いにかなり関連性が強い問題同士だ．

---

**問題3**

すべての自然数 $n$ について，次の等式の成立を示せ．

$$\frac{n!}{x(x+1)\cdots(x+n)} = \sum_{r=0}^{n} (-1)^r \frac{{}_n\mathrm{C}_r}{x+r} \qquad \text{(阪大)}$$

---

実際の試験では，帰納法を誘導する枝問がついていた．ここでは問題の成り立ちを見よう．

問題1の①式で $n=0$，$k \Rightarrow n$ と代えると，

$$\varDelta^n a_0 = \sum_{i=0}^{n} (-1)^{n-i} {}_n\mathrm{C}_i \cdot a_i$$

となり，これは問題3の右辺と $(-1)$ の指数部分だけが異なっている．これをどう解釈したらよいのだろう？

**【解説】**

右図のように数列 $\{a_n\}$ を差分（$a_{n+1}-a_n$ を作る）の代わりに，$a_n-a_{n+1}$ を作っていく操作を，仮に疑似差分（こんな用語はないが…）と呼ぶことにする．こうして $n$ 回「疑似差分」して作った数列の左端の項が，$\sum_{i=0}^{n}(-1)^i{}_n\mathrm{C}_i\cdot a_i$ である（問題 1 と解法は同様なので自力で確かめてください）．

図 1

$$a_0 \quad a_1 \quad a_2 \quad a_3$$
$$a_0-a_1 \quad a_1-a_2 \quad a_2-a_3$$
$$a_0-2a_1+a_2 \quad a_1-2a_2+a_3$$
$$a_0-3a_1+3a_2-a_3$$

問題 3 は，$a_i=\dfrac{1}{x+i}$ の場合で，実際に実験すると，（「疑似差分」を行うと）見事な規則性が見つかる(下図)．

本問はこれを帰納法で示させる趣旨の問いだ．

図 2

$$\frac{1}{x} \quad \frac{1}{x+1} \quad \frac{1}{x+2} \quad \frac{1}{x+3}$$
$$\frac{1}{x(x+1)} \quad \frac{1}{(x+1)(x+2)} \quad \frac{1}{(x+2)(x+3)}$$
$$\frac{2!}{x(x+1)(x+2)} \quad \frac{2!}{(x+1)(x+2)(x+3)}$$
$$\frac{3!}{x(x+1)(x+2)(x+3)}$$

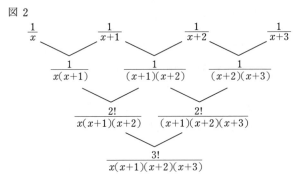

$k$ 段目の数列の左から $m$ 項目が

$$\frac{(k-1)!}{(x+m-1)(x+m)\cdots(x+m+k-2)}$$

であることを帰納法で示すのは，難しくない．

では，次の問題はどうだろうか？

$$f_n = \sum_{k=0}^{n} (-1)^k \frac{{}_n C_k}{k+1} \text{ と定義する.}$$

$$\sum_{k=0}^{n} (-1)^k {}_n C_k f_k = \frac{1}{n+1} \text{ を証明せよ.}$$

この問題は，解くというよりも背景を眺めてみよう．問題3と似ているようだが…

【解説】

問題3で $x=1$ とおくと，

$$\frac{n!}{(n+1)!} = \sum_{r=0}^{n} (-1)^r \frac{{}_n C_r}{r+1}$$

となり，$f_n$ に一致する．

一方，図2で $x=1$ とおくと図3のようになり，
点線部について，数字は'左右対称'になる．

$$f_n = \frac{1}{n+1} \quad \cdots\cdots ① \text{ が分かって問題文の2式が}$$

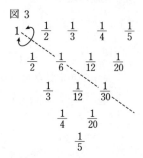

図3

一致することに気づく，あるいは図の対称性を見ると，①を示せばよい．これは2項定理で示せる（問題3は使わなくても示せる）．

だがもっと一般的に，「疑似差分」してできる左端の数列を $b_0$, $b_1$, $b_2$, $b_3$, … として，この $\{b_n\}$ を再び「疑似差分」していくと，実は（手を動かして計算を一般的にしてみると仕組がわかる）元の数列に戻る．一般的に

$$b_n = \sum_{k=0}^{n} (-1)^k {}_n C_k \cdot a_k \text{ なら，} \quad a_n = \sum_{k=0}^{n} (-1)^k {}_n C_k \cdot b_k$$

のわけで，この事実はなかなか面白い．

数列 $\{a_n\}$ を $a_1=0$, $a_{n+1}=(n+1)a_n-(-1)^n$ $(n=1, 2, \cdots)$ により定める．さらに数列 $\{b_n\}$ を $b_n = 1 + \sum_{k=1}^{n} {}_n C_k a_k$ $(n=1, 2, \cdots)$ で定める．

（1）$b_n$ が $n$ のどのような式で表されるかを推測せよ．

（2）それを証明せよ．

（横浜国大）

## 【解説】

（1） これは計算していくだけだから，答だけ記す．

$a_1=0$, $a_2=1$, $a_3=2$, $a_4=9$, $a_5=44$, … から計算していくと，$b_1=1$, $b_2=2$, $b_3=6$, $b_4=24$, $b_5=120$, … となり，$\boldsymbol{b_n=n!}$ と推測される．

（2） $a_0=1$ とおけば，与式は $b_n=\sum_{k=0}^{n}{}_nC_k a_k$ ……① と変形される．$b_n=n!$ は，漸化式と①と $(k+1)_{m+1}C_{k+1}=(m+1)_mC_k$ を使って帰納法で証明でき

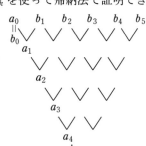

る．さて，もしかしたら，①から，$(b_0=1$ とし）右図のように，数列 $\{b_n\}$ を高階差分したものが $\{a_n\}$ なのではないかという見当がつくだろう．

ここではこの成り立ちを見てみよう．

$\{b_n\}$ を高階差分したものが $\{a_n\}$ で，$b_n=n!$（$0!=1$ とする）とすれば，

$$a_n=\sum_{k=0}^{n}(-1)^{n-k}{}_nC_k\cdot k!=\sum_{k=0}^{n}(-1)^{n-k}\frac{n!}{(n-k)!}$$

$$=n!\left(1-\frac{1}{1!}+\frac{1}{2!}-\frac{1}{3!}+\cdots+(-1)^n\cdot\frac{1}{n!}\right)$$

だろうということになる．実際このとき，

$$a_{n+1}=(n+1)!\left(1-\frac{1}{1!}+\frac{1}{2!}-\frac{1}{3!}+\cdots+(-1)^{n+1}\frac{1}{(n+1)!}\right)$$

$$=(n+1)n!\left(1-\frac{1}{1!}+\frac{1}{2!}-\frac{1}{3!}+\cdots+(-1)^n\frac{1}{n!}\right)+(-1)^{n+1}$$

$$=(n+1)a_n-(-1)^n$$

はすぐに示すことができる．

⇨注　ちなみに $a_n$ は攪乱順列と呼ばれる順列の個数である．

## 3. ニュートンの公式

ところで，数列 $\{a_n\}$ の項が仮に関数 $f(x)$ を用いて，$a_n=f(n)$ と表されていたらどうなるだろう？

$\{a_n\}$ を具体的に $f$ で表していけば，数列

$$f(0),\ f(1),\ f(2),\ f(3),\ f(4),\ f(5),\ \cdots$$

ができる．これをどんどん高階差分して，左端に，

$g(0)$ $(=f(0))$, $g(1)$, $g(2)$, $g(3)$, $g(4)$, $\cdots$

が並んだとすれば，反転公式により，

$$_n\text{C}_0 g(0) + {}_n\text{C}_1 g(1) + \cdots + {}_n\text{C}_n g(n) = f(n) \quad\cdots\cdots\cdots\cdots\cdots\cdots\cdots①$$

が成り立つことになる．そこで，

$$f(n) = g(0) + ng(1) + \frac{n(n-1)}{2}g(2) + \frac{n(n-1)(n-2)}{6}g(3) + \cdots$$

のようになるが，これは任意の $n$ について成り立つわけだから，何とか $n$ を $x$ に変えられないものだろうか？

つまり $_x\text{C}_k = \dfrac{x(x-1)\cdots(x-k+1)}{k!}$ （$k$ は自然数）のように表記したとき，

$$f(x) = g(0) + {}_x\text{C}_1 g(1) + {}_x\text{C}_2 g(2) + {}_x\text{C}_3 g(3) + \cdots + {}_x\text{C}_n g(n)$$

$$= g(0) + xg(1) + \frac{x(x-1)}{2}g(2) + \frac{x(x-1)(x-2)}{6}g(3) + \cdots$$

$$+ \frac{x(x-1)\cdots(x-n+1)}{n!}g(n) \quad [\bigstar]$$

とできないだろうか？

実は，$f(x)$ が多項式のとき，これは正しい式である．$f(x)$ が $n$ 次の多項式のときを考えてみよう．

$x = 0$, $1$, $2$, $\cdots$, $n$ の $(n+1)$ 個の値について[☆]式の両辺をくらべると，$x = m$ （$0 \leqq m \leqq n$）のとき，

$$f(m) = g(0) + {}_m\text{C}_1 g(1) + {}_m\text{C}_2 g(2) + \cdots + {}_m\text{C}_m g(m)$$

$$（m < r \leqq n \text{ のとき，} {}_m\text{C}_r = 0）$$

となり，これは高階差分の反転公式①より正しい．

一般に，$n$ 次の多項式同士が $x$ の $(n+1)$ 個以上の値について等しい値をとるとき，実は 2 つの多項式は同一だ．

したがって，☆式は正しいし，p.107 の〜〜〜部分もこれで得心がいく．$\sum_{i=0}^{n} i^4$ が 5 次式であることは示さねばならないが，それさえいえてしまえば，$a_n$ は，$b_0 \sim b_5$ の 6 つの数だけで決まってしまうのである．

＊　　　　　＊　　　　　＊

この素晴らしい式☆は，ニュートンの補間公式と呼ばれる公式の基本的な特殊例だ．ただ，これを用いると，なかなか一筋縄ではいかない問題の背景がすっと見えたりする．

**問題 6**

フィボナッチ数列を次のように定める.
$$f_1 = f_2 = 1, \quad f_{n+2} = f_{n+1} + f_n \quad (n \geq 1)$$
さて，ここで 990 次の多項式 $P(x)$ で，
$$P(n) = f_n \quad (n = 992, \ 993, \ \cdots, \ 1982)$$
をみたすものを考える．このとき
$$P(1983) = f_{1983} - 1 \ \text{を示せ.}$$
(IMO 候補問題)

何やらおそろしげな問題だが，[☆] 式が身についていると意外にあっさり解ける.

【解説】

$Q(x) = P(x+992)$ を考えると，$Q(x)$ も 990 次多項式で，$Q(0) = f_{992}$, $Q(1) = f_{993}$, $Q(2) = f_{994}$, $\cdots$, $Q(990) = f_{1982}$ となる．そこで，数列 $Q(0)$, $Q(1)$, $\cdots$, $Q(990)$ を高階差分してみると，下図のようになることはフィボナッチ数列の漸化式からすぐわかる.

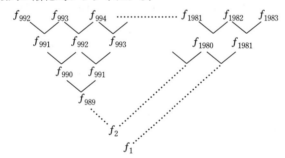

そこで，ニュートンの公式を使えば，
$$Q(x) = f_{992} + f_{991} \cdot {}_xC_1 + f_{990} \cdot {}_xC_2 + f_{989} \cdot {}_xC_3 + \cdots + f_2 \cdot {}_xC_{990}$$
よって，
$$P(1983) = Q(991)$$
$$= f_{992} + {}_{991}C_1 f_{991} + \cdots + {}_{991}C_{990} f_2 + ({}_{991}C_{991} f_1 - {}_{991}C_{991} f_1)$$
$$= \sum_{k=0}^{991} {}_{991}C_k \cdot f_{k+1} - 1 = f_{1983} - 1$$

（上図を見よ．見事に反転している）

# §11 多項式の係数と数列

今回の話題は，高校数学を超える部分を少し含む．だが，少々の"反則"を認めてしまえば高校生にも十分理解が可能だし，面白いところなので，あえて取り上げることにした．

数列 $\{a_n\}$ の項を，$a_0,\ a_1,\ a_2,\ a_3,\ \cdots$ とする．

このとき，$\{a_n\}$ に対応させて，

$$f(x)=a_0+a_1x+a_2x^2+a_3x^3+\cdots$$

という多項式（時に無限次）を考える．この多項式は「閉じた式」で求まる場合，この数列のいろいろな性質を，この式（母関数と呼ぶ）について調べたり，式に操作を加えることで，知ることができる．そんな話題だ．

数列の項数が有限の場合は高校数学で扱っても問題ない．初歩的な例はすでに知っている人が多いはずだ．

## 1．2項係数の数列

$(n+1)$ 項から成る数列を，

$$a_0={}_nC_0,\ a_1={}_nC_1,\ \cdots,\ a_k={}_nC_k,\ \cdots,\ a_n={}_nC_n$$

と定めてみよう．この数列の母関数は，

$$f(x)={}_nC_0+{}_nC_1x+{}_nC_2x^2+\cdots+{}_nC_nx^n \quad\cdots\cdots\cdots\cdots☆$$

だ．右辺には見覚えがあるだろう．

$f(x)=(1+x)^n$（2項定理より）がこの数列の母関数で閉じた式である．

では，この式からどんなことがわかるのか？ 2項係数の計算練習も兼ねて，復習してみよう．

---

**問題1**

2項係数について，次の等式を導け．

（1）$\displaystyle\sum_{k=0}^{n}{}_nC_k={}_nC_0+{}_nC_1+\cdots+{}_nC_n=2^n$

（2）$\displaystyle\sum_{k=0}^{n}(-1)^k{}_nC_k={}_nC_0-{}_nC_1+\cdots+(-1)^n{}_nC_n=0$

---

114

（3）　$\displaystyle\sum_{k=0}^{n}({}_n\mathrm{C}_k)^2={}_{2n}\mathrm{C}_n$

（4）　${}_n\mathrm{C}_1+2{}_n\mathrm{C}_2+3{}_n\mathrm{C}_3+\cdots+n{}_n\mathrm{C}_n=n\cdot 2^{n-1}$

（5）　${}_n\mathrm{C}_0+\dfrac{{}_n\mathrm{C}_1}{2}+\dfrac{{}_n\mathrm{C}_2}{3}+\cdots+\dfrac{{}_n\mathrm{C}_n}{n+1}=\dfrac{2^{n+1}-1}{n+1}$

（6）　${}_5\mathrm{C}_0\cdot{}_6\mathrm{C}_4+{}_5\mathrm{C}_1\cdot{}_6\mathrm{C}_3+{}_5\mathrm{C}_2\cdot{}_6\mathrm{C}_2+{}_5\mathrm{C}_3\cdot{}_6\mathrm{C}_1+{}_5\mathrm{C}_4\cdot{}_6\mathrm{C}_0={}_{11}\mathrm{C}_4$

実は，これら2項係数についての等式の多くは，

$$(1+x)^n=\sum_{k=0}^{n}{}_n\mathrm{C}_k x^k \quad\cdots\cdots\cdots\cdots\cdots\cdots\cdots\cdots\cdots\cdots\cdots\cdots①$$

という母関数を操作することで簡単に求まってしまう．

【解説】

　知っている人も多いだろうから簡潔に行こう．

（1）　①式の両辺に，$x=1$ を代入（操作）するだけだ．

（2）　これも①式に $x=-1$ を代入して得られる．

（3）　これは少し工夫がいる．${}_n\mathrm{C}_k={}_n\mathrm{C}_{n-k}$ に注意すると，

$$(1+x)^n={}_n\mathrm{C}_0+{}_n\mathrm{C}_1 x+{}_n\mathrm{C}_2 x^2+\cdots+{}_n\mathrm{C}_n x^n$$
$$={}_n\mathrm{C}_n+{}_n\mathrm{C}_{n-1}x+{}_n\mathrm{C}_{n-2}x^2+\cdots+{}_n\mathrm{C}_0 x^n$$

と2通りの表し方がある．ここで，

$$(1+x)^{2n}=(1+x)^n\cdot(1+x)^n$$
$$=({}_n\mathrm{C}_0+{}_n\mathrm{C}_1 x+{}_n\mathrm{C}_2 x^2+\cdots+{}_n\mathrm{C}_n x^n)({}_n\mathrm{C}_n+{}_n\mathrm{C}_{n-1}x+\cdots+{}_n\mathrm{C}_0 x^n)$$

について，$x^n$ の係数を考えると，左辺では ${}_{2n}\mathrm{C}_n$，右辺では $\displaystyle\sum_{k=0}^{n}({}_n\mathrm{C}_k)^2$ となるので成立する．

（4）　①式を微分すると（微分という操作をすると）

$$n(1+x)^{n-1}=\sum_{k=0}^{n}{}_n\mathrm{C}_k\cdot kx^{k-1}={}_n\mathrm{C}_1+2{}_n\mathrm{C}_2 x+3{}_n\mathrm{C}_3 x^2+\cdots+n{}_n\mathrm{C}_n x^{n-1}$$

この式の両辺に $x=1$ を代入すればよい．

（5）　これは①式を0から1まで定積分して得られる式である．

（6）　$(1+x)^{11}=(1+x)^5\cdot(1+x)^6$

$=({}_5\mathrm{C}_0+{}_5\mathrm{C}_1 x+{}_5\mathrm{C}_2 x^2+{}_5\mathrm{C}_3 x^3+{}_5\mathrm{C}_4 x^4+x^5)$

$\qquad\qquad\times({}_6\mathrm{C}_0+{}_6\mathrm{C}_1 x+{}_6\mathrm{C}_2 x^2+{}_6\mathrm{C}_3 x^3+{}_6\mathrm{C}_4 x^4+{}_6\mathrm{C}_5 x^5+x^6)$

の展開式で，$x^4$ の項の係数を左右両辺で較べればよい．

　一般に，

$$(1+x)^{m+n} = (1+x)^m \cdot (1+x)^n$$

$$= \left( \sum_{i=0}^{m} {}_mC_i x^i \right) \left( \sum_{j=0}^{n} {}_nC_j x^j \right)$$

において，$x^r$ の項を比較することで，（6）と同様な式

$$\sum_{i+j=r} {}_mC_i \cdot {}_nC_j = {}_{m+n}C_r$$

（ここで $\sum$ は $i+j=r$ となるすべての非負整数の組 $(i, j)$ についての和を表すものとする）となる．これを畳み込みの公式という．（（3）もその一種）

＊　　　　　　＊　　　　　　＊

他にも，例えば，${}_nC_r = {}_{n-1}C_{r-1} + {}_{n-1}C_r$ は，

$$(1+x)^n = (1+x)^{n-1}(1+x) = (1+x)^{n-1}x + (1+x)^{n-1}$$

で，$x^r$ の係数を比較すればわかるし，${}_nC_r$ についてのかなり多くの情報は，$(1+x)^n$ という母関数を通じてわかるのだ．

とすれば，他の数列についても，同様に「母関数」を調べることで，いろいろうまい情報が得られるのではないかと考えるのは自然だろう．

しかし，数列は有限項とは限らない．数列がどこまでもつづく，無限項の数列であるとき，一般的にその母関数についての議論は高校の範囲を超える．

そこで，まず，もう1例だけ，有限の例を挙げよう．

## 2. やや難しい例

> **問題2**
>
> $${}_nC_0, \ {}_{n-1}C_1, \ {}_{n-2}C_2, \ \cdots, \ {}_{n-k}C_k, \ \cdots$$
>
> という数列を考える．ただし一般に ${}_mC_r$ で $m<r$ の場合 ${}_mC_r$ の値は 0 であるものと定義しておく．
>
> このとき，この数列の母関数は，
>
> $$\sum_{i=0}^{n} {}_{n-i}C_i x^i = \frac{1}{\sqrt{1+4x}} \left\{ \left( \frac{1+\sqrt{1+4x}}{2} \right)^{n+1} - \left( \frac{1-\sqrt{1+4x}}{2} \right)^{n+1} \right\}$$
>
> であることを帰納法を用いて示せ．
>
> また $x$ に具体的な値を代入することで，面白い等式を導いてみよ．

これは難しいので，すぐ解説を読んでも構わない．

**【解説】**

$n$ についての帰納法で与式を示す．

116

$n=0$, $1$ の場合は簡単な計算で示せるので省略（もちろん成立）.

さて，$n=k$，$k+1$ のときの成立を仮定し，$k+2$ の場合を示そう．仮定を 2 つ書き並べれば，

$$\sum_{i=0}^{k} {}_{k-i}\mathrm{C}_i x^i = \frac{1}{\sqrt{1+4x}}\left\{\left(\frac{1+\sqrt{1+4x}}{2}\right)^{k+1} - \left(\frac{1-\sqrt{1+4x}}{2}\right)^{k+1}\right\} \quad \cdots\cdots①$$

$$\sum_{i=0}^{k+1} {}_{k+1-i}\mathrm{C}_i x^i = \frac{1}{\sqrt{1+4x}}\left\{\left(\frac{1+\sqrt{1+4x}}{2}\right)^{k+2} - \left(\frac{1-\sqrt{1+4x}}{2}\right)^{k+2}\right\} \quad \cdots②$$

ここで，①$\times x+$② を辺々作って計算してみると，

$$\text{左辺} = \sum_{i=0}^{k} {}_{k-i}\mathrm{C}_i x^{i+1} + \sum_{i=0}^{k+1} {}_{k+1-i}\mathrm{C}_i x^i$$

$$= \sum_{i=1}^{k+1} {}_{k+1-i}\mathrm{C}_{i-1} x^i + \sum_{i=1}^{k+1} {}_{k+1-i}\mathrm{C}_i x^i + 1$$

$$= \sum_{i=1}^{k+1} ({}_{k+1-i}\mathrm{C}_{i-1} + {}_{k+1-i}\mathrm{C}_i) x^i + 1$$

$$= \sum_{i=1}^{k+1} {}_{k+2-i}\mathrm{C}_i x^i + 1 = \sum_{i=0}^{k+1} {}_{k+2-i}\mathrm{C}_i x^i = \sum_{i=0}^{k+2} {}_{k+2-i}\mathrm{C}_i x^i$$

（${}_{k+2-i}\mathrm{C}_i$ は $i=k+2$ のとき，定義より $0$ となる）

一方右辺は，$x\left(\dfrac{1\pm\sqrt{1+4x}}{2}\right)^{k+1} + \left(\dfrac{1\pm\sqrt{1+4x}}{2}\right)^{k+2}$ において，

$$x + \frac{1\pm\sqrt{1+4x}}{2} = \frac{(1+4x)\pm 2\sqrt{1+4x}+1}{4} = \left(\frac{1\pm\sqrt{1+4x}}{2}\right)^2$$

を利用して計算すると，

$$\frac{1}{\sqrt{1+4x}}\left\{\left(\frac{1+\sqrt{1+4x}}{2}\right)^{k+3} - \left(\frac{1-\sqrt{1+4x}}{2}\right)^{k+3}\right\}$$

となるので，示された.

＊　　　　＊　　　　＊

右辺の式変形はゴツイが，途中で平方完成に気づかなくとも共通部分でくくった残りの部分を展開してくらべれば OK だろう.

さて，$x$ に何を代入したら面白いだろうか．いくつか例を挙げてみよう.

1° $x=1$ のとき

$$\sum_{k=0}^{n} {}_{n-k}\mathrm{C}_k = \frac{1}{\sqrt{5}}\left\{\left(\frac{1+\sqrt{5}}{2}\right)^{n+1} - \left(\frac{1-\sqrt{5}}{2}\right)^{n+1}\right\}$$

で，右辺はフィボナッチ数列の一般項だ（問題 3 とは添字がずれている）.

右図を見ると，◯の中身を足したものが順に $f_1$, $f_2$, $f_3$, …（$f_n$ はフィボナッチ数列）となるということで，これは2項係数とフィボナッチ数列の関連を示す，有名な性質を導いたことになる．

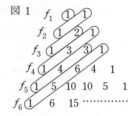
図1

2° $x=2$, 6のとき

$$\sum_{k=0}^{n}{}_{n-k}C_k\cdot 2^k=\frac{1}{3}\{2^{n+1}-(-1)^{n+1}\}, \quad \sum_{k=0}^{n}{}_{n-k}C_k\cdot 6^k=\frac{1}{5}\{3^{n+1}-(-2)^{n+1}\}$$

となり，それなりに面白い．

3° $x=-1$ のときが問題で，

$$\sum_{k=0}^{n}{}_{n-k}C_k(-1)^k=\frac{1}{\sqrt{3}\,i}\left\{\left(\frac{1+\sqrt{3}\,i}{2}\right)^{n+1}-\left(\frac{1-\sqrt{3}\,i}{2}\right)^{n+1}\right\}$$

となる．$\dfrac{1\pm\sqrt{3}\,i}{2}=\cos\dfrac{\pi}{3}\pm i\sin\dfrac{\pi}{3}$ だから，複素数平面の知識があれば，$n=1$, 2, … としたとき，右辺の値が周期6でくりかえすことがわかるだろう．実際先程の図1で，◯の中を単純に足す代わりに，

1，$1-1=0$，$1-2=-1$，$1-3+1=-1$，$1-4+3=0$，$1-5+6-1=1$，…

のようにしていくと，これは，1，0，$-1$，$-1$，0，1の6項を1周期として繰り返す．この性質は早稲田大にも過去に，パスカルの三角形で上記のような操作をすると周期6でくりかえすことが背景の出題例がある（入試は何でもありの世界…）．

## 3．無限項の数列の母関数

　さて，いよいよ無限項から成る数列の母関数を扱うことにしよう．ここからは高校数学では'反則'だ．

　例えば，一番簡単な例，$a_n=1$ を考えましょう．$1=a_0=a_1=a_2=\cdots$ という数列で，きわめて単純だが，これの母関数は？　というと，

$$f(x)=\underline{a_0+a_1x+a_2x^2+\cdots\cdots}=1+x+x^2+\cdots\cdots \quad \cdots\cdots\cdots①$$

ということになる．右辺は関数として眺めれば，$|x|<1$ のときしか収束しないから，「これで扱えるのか？」と疑問に思うのは当然だろう．

　しかし，①の────部の形をした式同士には，加法，減法，乗法を導入することができる（普通の演算を考えればよい）ので，これをあえて，$f(x)$ として扱ってしまおうというのである（これを形式的べき級数と呼び，関数とは異なる）．

118

では，①の $f(x)$ について閉じた式はあるだろうか？

$$f(x)=1+x+x^2+x^3+x^4+\cdots\cdots$$
$$xf(x)=\quad\ \ x+x^2+x^3+x^4+\cdots\cdots$$

となるので，$f(x)-xf(x)=1$ としてよい.

よって，$f(x)=\dfrac{1}{1-x}$ が $a_n=1$ の母関数だ.

他によく扱われる例はフィボナッチ数列だ.

$$f_0=0,\ f_1=1,\ f_{n+2}=f_{n+1}+f_n\ (n\geqq0)\ \text{とおいて}$$
$$g(x)=f_0+f_1x+\boxed{f_2x^2}+f_3x^3+f_4x^4+\cdots$$

を考える.

$$xg(x)=\quad\ f_0x+\boxed{f_1x^2}+f_2x^3+f_3x^4+\cdots$$
$$x^2g(x)=\qquad\ \boxed{f_0x^2}+f_1x^3+f_2x^4+\cdots$$

だから，（タテに □ 部分を考えると，$f_k+f_{k+1}=f_{k+2}$ で）

$$xg(x)+x^2g(x)-f_0x+f_0+f_1x=g(x)$$

$$\therefore\quad (1-x-x^2)g(x)=x\ \text{より}\ g(x)=\dfrac{x}{1-x-x^2}$$

という閉じた式ができる.

＊　　　　　＊　　　　　＊

さて，母関数というのは深く広い概念で，たったこれだけで「母関数」などという用語を使うことさえ気が引けるくらいだが，「たったこれだけ」からでも，収穫（御利益）は随分期待できる.

次は紙面にアクセントをつけるためとりあえず問題形式にしたが，高校生のみなさんは慣れていないだろうから，すぐに解説を見て構わない.

---

**問題3**

次の各問いに答えよ.（いずれも母関数を利用せよ）

（1）$\dfrac{x}{1-x-x^2}=\dfrac{1}{\sqrt{5}}\left(\dfrac{1}{1-\alpha x}-\dfrac{1}{1-\beta x}\right)$ をみたす，$\alpha$，$\beta$ を求め，

これを用いてフィボナッチ数列の一般項を求めよ.

（2）$f(x)=\dfrac{1}{1-x}=(1-x)^{-1}$ とおくと第 $n$ 次導関数は，

$f^{(n)}(x)=n!(1-x)^{-(n+1)}$ となる. このことを利用して，

$(1+x+x^2+x^3+x^4)^n$ を展開したときの $x$ の4次の項の係数を求めよ.

【解説】

（1） $\alpha=\dfrac{1+\sqrt{5}}{2}$, $\beta=\dfrac{1-\sqrt{5}}{2}$ までは単純に計算で求まるので省略する.

左辺は，上記の通りフィボナッチ数列の母関数だから，

$$\frac{x}{1-x-x^2}=f_0+f_1x+f_2x^2+f_3x^3+\cdots \quad\text{……………………①}$$

一方右辺を見ると，

$$\frac{1}{1-(\alpha x)}=1+(\alpha x)+(\alpha x)^2+(\alpha x)^3+\cdots$$

$$=1+\alpha x+\alpha^2x^2+\alpha^3x^3+\cdots$$

などとなるので，上記の $\alpha$, $\beta$ を用いて，

$$右辺=\frac{1}{\sqrt{5}}\{(\alpha-\beta)x+(\alpha^2-\beta^2)x^2+(\alpha^3-\beta^3)x^3+\cdots\}$$

となる．そこで，フィボナッチ数列の一般項は両辺の $x^n$ の係数を較べて，

$$\boldsymbol{f_n=\frac{1}{\sqrt{5}}(\alpha^n-\beta^n)}$$

（2） $(1+x+x^2+x^3+x^4)^n$ を展開したときの4次の係数は，これに5次以上の項をつけ加えた形式的べき級数

$$(1+x+x^2+x^3+x^4+x^5+\cdots)^n \quad\text{……………………………☆}$$

を展開したときの $x^4$ の係数と等しい.

$$\frac{1}{1-x}=1+x+x^2+x^3+x^4+x^5+\cdots$$

と母関数で考えれば，☆は $(1-x)^{-n}$ と考えられる.

そこで与えられた $n$ 次導関数の式（これは帰納法で容易に示せます）を活用すると，

$$(1-x)^{-n}=\frac{f^{(n-1)}(x)}{(n-1)!} \quad\text{………………………………②}$$

をべき級数で表したときの $x^4$ の係数を求めればよい.

②の右辺分子は，$f(x)=1+x+x^2+x^3+\cdots+x^{n+3}+\cdots$

を形式的に，$(n-1)$ 回微分したものだから，微分後4次になるのは，$f(x)$ の $(n+3)$ 次の項 $x^{n+3}$ で，これを $(n-1)$ 回微分すると，$(n+3)(n+2)\cdots\cdots5\cdot x^4$ となる.

よって答えは，$\dfrac{(n+3)(n+2)\cdots\cdots5}{(n-1)!}=\dfrac{(n+3)!}{(n-1)!4!}={}_{n+3}\mathrm{C}_4$

⇨**注** $(1+x+x^2+\cdots)^n$ の 4 次の項の係数を解釈すれば，$n$ 個の（　）から取り出す $x$ の指数を $a_1,\ \cdots,\ a_n\ (a_i\geqq 0)$ とするとき，

$a_1+a_2+\cdots+a_n=4$ とする組合せの数ともいえ，これからも ${}_{n+3}\mathrm{C}_4$ がわかる（これは ${}_n\mathrm{H}_4$ でもある）．

## 4．カタラン数の母関数

さて，今度は少々変わった数列の母関数を考えてみよう．

$n\times n$ のマス目を考える．（右図は $6\times6$ の場合）

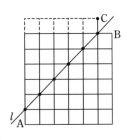

ここで左下の A から右上の B まで直線 $l$ に 1 度もふれないで到達する最短経路の個数を $c_n$（カタラン数と呼ぶ）と名付けよう．

$c_n$ を $n$ の式で表したいときは，"対応"で解く華麗な方法がある．まずそれを解説しよう．

① A→B まで，$l$ に触れてもよいとすると，最短経路は ${}_{2n}\mathrm{C}_n$ 個ある．

② そのうち，$l$ に触れるすべての経路について，はじめて $l$ にふれた地点以降の経路のみ，$l$ について折り返すと A→C（図参照）までの最短経路が得られる．この対応（$l$ に触れる経路と A→C の最短経路）は 1 対 1 だから，その総数は ${}_{2n}\mathrm{C}_{n-1}$

③ そこで，$c_n$ は $c_n=①-②={}_{2n}\mathrm{C}_n-{}_{2n}\mathrm{C}_{n-1}=\dfrac{{}_{2n}\mathrm{C}_n}{n+1}$

$$* \qquad * \qquad *$$

さて，今度は，$c_n$ を一般項とする数列の母関数を考えよう．実は，$c_n$ は不思議な漸化式をもっている．

例えば，上図で，A→B に行く最短経路を考えよう．

$P_1$〜$P_6$ のうちはじめて経路上に来る点が $P_i$ であるような経路の数は，

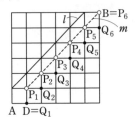

$$\mathrm{D}\longrightarrow \mathrm{Q}_i \longrightarrow \mathrm{P}_i \longrightarrow \mathrm{B}$$
$$\Uparrow$$
ここで直線 $m$ には触れない

という経路だから，$c_{i-1}\times c_{6-i}$ である．$c_0=1$ と定義して，これらを 1〜6 にわたって加えると，

$$c_6=c_0c_5+c_1c_4+c_2c_3+c_3c_2+c_4c_1+c_5c_0$$

となる．同様に考えれば，$c_n$ についての漸化式は，

$$c_n = \sum_{i=0}^{n-1} c_i c_{n-1-i} \quad (c_0 = 1) \cdots\cdots ④ \quad となる．$$

さて，$c_n$ を $x^n$ の係数とする形式的べき級数を

$$f(x) = c_0 + c_1 x + c_2 x^2 + c_3 x^3 + \cdots \quad\cdots\cdots\cdots\cdots\cdots\cdots\cdots ⑤$$

としよう．ここで，$(f(x))^2$ を考えると，

$$(f(x))^2 = c_0{}^2 + (c_0 c_1 + c_1 c_0)x + (c_0 c_2 + c_1 c_1 + c_2 c_0)x^2$$

$$+ \cdots + \sum_{i=0}^{k} c_i c_{k-i} x^k + \cdots$$

$$= c_1 + c_2 x + c_3 x^2 + \cdots + c_{k+1} x^k + \cdots \quad (\because \ ④ より)$$

となる．そこで右辺と⑤をくらべて考えると，

$$x(f(x))^2 + c_0 = f(x) \qquad \therefore \quad x(f(x))^2 - f(x) + 1 = 0$$

これを $f(x)$ の2次方程式と見て解くと，

$$f(x) = \frac{1 \pm \sqrt{1-4x}}{2x} \quad\cdots\cdots\cdots\cdots\cdots\cdots\cdots\cdots ⑥$$

となる．ここで $f(0) = c_0 = 1$ だが，⑥で $x \to 0$ とすると，±のうち＋の方を

とったとき，$f(0)$ が（$\dfrac{0}{0}$ の不定形なら整合的だが）1 とはならないので，

$c_n$ の母関数は

$$-の方をとって，\ f(x) = \frac{1 - \sqrt{1-4x}}{2x}$$

となる．ここで③を考えると，

$$\frac{1 - \sqrt{1-4x}}{2x} = \sum_{k=0}^{\infty} \frac{{}_{2k}\mathrm{C}_k}{k+1} x^k \quad\cdots\cdots\cdots\cdots\cdots\cdots\cdots ☆$$

これを知って，次の問題を眺めてみよう．

---

**問題4**

次の各問いに答えよ．（（1）は上記☆を利用せよ）

（1） $\dfrac{1}{\sqrt{1-4x}} = \sum_{k=0}^{\infty} {}_{2k}\mathrm{C}_k x^k$ であることを示せ．

（2） $\dfrac{1}{1-4x} = \sum_{k=0}^{\infty} 2^{2k} x^k$ であることを示せ．

（3） $\sum_{k=0}^{n} {}_{2k}\mathrm{C}_k \cdot {}_{2(n-k)}\mathrm{C}_{n-k} = 2^{2n}$ であることを示せ．

122

最後は華麗な性質だ.

**【解説】**

（1）☆式の両辺を $x$ 倍すると，$\dfrac{1-\sqrt{1-4x}}{2}=\displaystyle\sum_{k=0}^{\infty}\dfrac{{}_{2k}\mathrm{C}_k}{k+1}x^{k+1}$

この式の両辺を微分すると，

$$-\frac{1}{2}\cdot\frac{-4}{2\sqrt{1-4x}}=\sum_{k=0}^{\infty}{}_{2k}\mathrm{C}_k x^k \qquad \therefore\quad \frac{1}{\sqrt{1-4x}}=\sum_{k=0}^{\infty}{}_{2k}\mathrm{C}_k x^k$$

これは，$\dfrac{1}{\sqrt{1-4x}}$ が $a_n={}_{2n}\mathrm{C}_n$ の母関数であることを表す.

（2）$\dfrac{1}{1-x}=\displaystyle\sum_{k=0}^{\infty}x^k$

ここで，$x\Rightarrow 4x$ とすると，$\dfrac{1}{1-4x}=\displaystyle\sum_{k=0}^{\infty}(4x)^k=\sum_{k=0}^{\infty}2^{2k}x^k$

（3）((1)の左辺)$^2=$((2)の左辺) なので，右辺を較べ

$$\left(\sum_{k=0}^{\infty}{}_{2k}\mathrm{C}_k x^k\right)^2=\sum_{k=0}^{\infty}2^{2k}x^k$$

両辺の $x^n$ の係数を比較する. このとき，$\left(\displaystyle\sum_{k=0}^{n}{}_{2k}\mathrm{C}_k x^k\right)^2$ と $\displaystyle\sum_{k=0}^{n}2^{2k}x^k$ の $x^n$ の係数を較べればよい（両辺で $n$ 次の項が関与する部分を取り出した）.

$$\sum_{k=0}^{n}{}_{2k}\mathrm{C}_k x^k=\sum_{l=0}^{n}{}_{2(n-l)}\mathrm{C}_{n-l}x^{n-l}\quad (l=n-k,\ \text{つまり}\ k=n-l\ \text{とおいた})$$

$$=\sum_{k=0}^{n}{}_{2(n-k)}\mathrm{C}_{n-k}x^{n-k}$$

であるから，

$$\left(\sum_{k=0}^{n}{}_{2k}\mathrm{C}_k x^k\right)^2=\left(\sum_{k=0}^{n}{}_{2k}\mathrm{C}_k x^k\right)\left(\sum_{k=0}^{n}{}_{2(n-k)}\mathrm{C}_{n-k}x^{n-k}\right)$$

この $x^n$ の係数は $\displaystyle\sum_{k=0}^{n}{}_{2k}\mathrm{C}_k\cdot{}_{2(n-k)}\mathrm{C}_{n-k}$ である.

一方，$\displaystyle\sum_{k=0}^{n}2^{2k}x^k$ の $x^n$ の係数は $2^{2n}$ であるから，示すべき式が成り立つ.

\*　　　　\*　　　　\*

何とあっさり（3）の性質が導かれることだろう！

数列 $a_n={}_{2n}\mathrm{C}_n$ を作って実際に実験すると面白さはわかりやすい. 母関数の威力をぜひ実感してみてください.

# §12 いろいろな問題

　今回が最後だ．毎回テーマを決めて数列の話題を扱った．標準的な「一般項」「和」「定型的漸化式」の話題は（沢山ある参考書にたいがい載っているので）避け，ややレベルを高くしたテーマ設定が多かった．

　それでも，取り上げたいのに，紙幅の都合上カットしたり，ややテーマから外れたので採用しなかったよい問題がいくつかある．今回はそんな問題を並べてみた．

## 1. $k^p$ の和

**問題1**

　$p = 0, 1, 2, \cdots$ に対して，和 $S_p(n) = \displaystyle\sum_{k=1}^{n} k^p$ を考える．ただし，$n$ は自然数である．

（1）　$S_0(n)$, $S_1(n)$, $S_2(n)$, $S_3(n)$ を $n$ の式で表せ．

（2）　$k^5 - (k-1)^5$ を降べきの順に整理し，これを用いて $S_4(n)$ を $n$, $S_0(n) \sim S_3(n)$ の式で表せ．

（3）　$S_p(n)$ は $n$ の $(p+1)$ 次式であり，$n^{p+1}$ の係数は $\dfrac{1}{p+1}$ であることを，$p$ に関する数学的帰納法で証明せよ．　　　　（類　電通大）

　有名な話題だから，一度はあたっておきたい問題だ．

**【解説】**

（1）　これは知っている人が多いだろう，結果のみ記す．

$$S_0(n) = n, \quad S_1(n) = \frac{n(n+1)}{2},$$

$$S_2(n) = \frac{n(n+1)(2n+1)}{6}, \quad S_3(n) = \left\{ \frac{n(n+1)}{2} \right\}^2$$

（2）　ここがキーポイントになる誘導だ．

$$k^5 - (k-1)^5 = 5k^4 - 10k^3 + 10k^2 - 5k + 1$$

両辺を $k = 1,\ 2,\ \cdots,\ n$ にわたって加えると,

$$\sum_{k=1}^{n} \{k^5 - (k-1)^5\} = \sum_{k=1}^{n} (5k^4 - 10k^3 + 10k^2 - 5k + 1)$$

ここで左辺は, $(1^5 - 0^5) + (2^5 - 1^5) + (3^5 - 2^5) + \cdots$ のように項同士がどんどん消えていき最後に $n^5$ だけ残る. 右辺は,

$$5S_4(n) - 10S_3(n) + 10S_2(n) - 5S_1(n) + S_0(n)$$

となる. これらが等しいので, $S_4(n)$ について,

$$S_4(n) = \frac{1}{5}(n^5 + 10S_3(n) - 10S_2(n) + 5S_1(n) - S_0(n))$$

(3) ざっと説明しよう. $p \le 4$ までは今までの式を見れば明らかだ. さて, $p$ 以下の成立を仮定しよう.

(2)に倣って, $k^{p+1} - (k-1)^{p+1}$ を作ると,

$$k^{p+1} - (k-1)^{p+1} = (p+1)k^p + (k\ \text{の} (p-1) \text{次以下の式})$$

となる. 例によって $k = 1,\ 2,\ \cdots,\ n$ にわたって和をとると,

$$n^{p+1} = (p+1)S_p(n) + (n\ \text{の} p \text{次以下の多項式})$$

となるので, これを $S_p(n)$ について解けば, 題意は明らかに成り立つ.

     &ast;    &ast;    &ast;

$S_p(n)$ を求める (順番に) 方法は他にもあるが, これも自然な解法の1つだろう.


## 2. 往復

---

**問題2**

関数 $f_n(x)$ $(n = 1,\ 2,\ 3,\ \cdots)$ を次のように定める.
$$f_1(x) = x^3 - 3x,\quad f_{n+1}(x) = \{f_n(x)\}^3 - 3f_n(x)\quad (n = 1,\ 2,\ \cdots)$$
$n$ を自然数とするとき, $f_n(x) = 0$ をみたす実数 $x$ の個数は $3^n$ であることを示せ.

                  (東大・一部略)

---

§7の「合成関数と数列」で取り上げたかったのだが, 紙幅もなかったし, 「チェビシェフの多項式」といって三角関数も考えられるので採用しなかった問だ.

## 【解説】

$f_1(x)$ のグラフは右図のようになる.
そこでグラフを眺めると, $x>2$,
$x<-2$ のとき, $f_n(x)$ が $0$ にならない
ことはすぐわかる ($x>2$ なら $f(x)>2$,
$f(f(x))>2$, …)

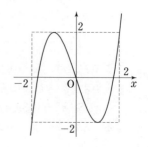

そこで区間 $[-2,\ 2]$ で $x$ を徐々に
増加させていくと, (左からだんだん
眺める) $x$ が $-2\to 2$ と動くとき,
$f_1(x)$ は, $-2\to 2\to -2\to 2$ と $1$ 往復半, それぞれ矢印の部分は単調に増加,
減少をくりかえす.

$f_1(x)$ が $-2\to 2$ のあいだに $f_2(x)$ は $-2$ と $2$ の区間を $1$ 往復半. $2\to -2$
のあいだも同様に $1$ 往復半. 再び $-2\to 2$ のあいだに $1$ 往復半. 計 $4$ 往復半
する.

すなわち, '片道' が '1 往復半' という '3 倍' になるわけなのである.

このように, $f_n(x)$ の値が $[-2,\ 2]$ を '片道 $k$ 回, 計 $\dfrac{k}{2}$ 往復' するとき,

$f_{n+1}(x)$ の値は $[-2,\ 2]$ を '片道 $3k$ 回, 計 $\dfrac{3}{2}k$ 往復' する.

$f_n(x)$ が $0$ となるのは, (区間 $[-2,\ 2]$ が $1$ つの $0$ に対応するので) '片
道' につき $1$ 回である.

よって, $f_1(x)=0$ となる $x$ の個数は $3$ 個であり, 以後添字が $1$ 増えるご
とに $3$ 倍になり, $f_n(x)=0$ をみたす $x$ の個数は, 帰納的に $3^n$ である.

＊　　　　　＊　　　　　＊

以上, '片道' '往復' などイメージを使って説明したが, これをうまく書
けば答案になるだろう.

だが実は本問には背景がある.

候補の $x$ が $-2\leqq x\leqq 2$ をみたすことはすぐわかるから, $x=2\cos\theta$ とおい
てみよう. すると,

$$f_1(2\cos\theta)=8\cos^3\theta-6\cos\theta=2\cos 3\theta$$

となり, 以下帰納的に, $f_n(2\cos\theta)=2\cos 3^n\theta$ となる.

したがって, $0\leqq\theta\leqq\pi$ (このとき $2\cos\theta$ は $2\to -2$ と単調に減少) におい
て, $\cos 3^n\theta=0$ となるような $\theta$ の個数を求めても正解が得られるわけだ.

## 3. 眺めるだけにとどめるが…

> **問題3**
>
> 実数 $a$, $r$ に対し数列 $\{x_n\}$ を,
> $$x_1 = a, \quad x_{n+1} = rx_n(1-x_n) \quad (n=1, 2, 3, \cdots)$$
> で定める.
> （1） すべての $n$ について $x_n = a$ となる $a$ を求めよ.
> （2） $x_2 \neq a$, $x_3 = a$ となるような $a$ の個数を求めよ.
> （3） $0 \leq a \leq 1$ となるすべての $a$ について $0 \leq x_n \leq 1$ $(n=2, 3, 4, \cdots)$
> が成り立つような $r$ の範囲を求めよ.　　　　　　　　　（大阪大）

　$x$ を $rx(1-x)$ に対応させる写像（関数）をロジスティック写像といい,
個体数の変動を扱う科学の領域で話題になる. また, この写像は,「カオス」
という概念にも関係が深い. そうした背景があるため, 出題もされやすいタ
イプなのだが,（1）,（2）の場合分けの面倒さはちょっとたまらない.
　…というわけで. ただ眺めるだけにすると次のようだ.
［コメント］
　（1）は, $x_2 = x_1 = a$ として漸化式に代入し, $a = ra(1-a)$ を $r$ の値によっ
て場合分けして解けばよい. 答は, **$r=0$ のとき $a=0$, $r \neq 0$ のとき $a=0$,
$1 - \dfrac{1}{r}$ となる.**
　（2）は, どう考えるか？
　$f(x) = rx(1-x)$ とおくと, 漸化式は $x_{n+1} = f(x_n)$ という例の形になる.
ここで,
$$f(f(a)) = a \text{ かつ } f(a) \neq a \text{ なる } a \text{ の個数}$$
を求めればよい. そこで, $f(f(a)) = a$ を
$$r \cdot ra(1-a)\{1 - ra(1-a)\} = a$$
という $a$ についての4次方程式を解くことになるわけだが, この計算は面
倒だ. ただし,
$$f(f(a)) - a \text{ が } f(a) - a \text{ で割り切れる}$$
（なぜならば $f(a) - a = 0 \Longleftrightarrow f(a) = a$ なら $f(f(a)) - a = f(a) - a = 0$）
ことを利用するのは鉄則だろう.

あとは重解や，解が一致する場合など吟味が必要となる．ちなみに答だけ一応記すと，**$r>3$, $r<-1$ のときは 2 個，$-1 \leqq r \leqq 3$ のときは 0 個**となる．

（3）の答は **$0 \leqq r \leqq 4$** だ．$r<0$, $r>4$ のときは $n=2$ ですでに，それぞれ $a=\dfrac{1}{2}$ という反例ができる．

逆に $0 \leqq r \leqq 4$ のときは，グラフを考えて，$0 \leqq a \leqq 1$ なら，$0 \leqq f(a) \leqq 1$ がいえるから，以下帰納的に $0 \leqq x_n \leqq 1$ なら $x_{n+1}$ も $0 \leqq x_{n+1}=f(x_n) \leqq 1$ であるといえばよいわけだ．

\*　　　　\*　　　　\*

ところで，ここで出てきた $r \leqq 4$ の 4 という数字は何だろうか？

そこで $f(x)=4x(1-x)$ を考えると，$x=\sin^2\theta$ とおくとき（このとき $0 \leqq \sin^2\theta = x \leqq 1$ だ！）

$$f(\sin^2\theta)=4\sin^2\theta(1-\sin^2\theta)=(2\sin\theta\cos\theta)^2=\sin^2 2\theta$$

以下帰納的に，$f(f(\sin^2\theta))=\sin^2 4\theta$, $f(f(f(\sin^2\theta)))=\sin^2 8\theta$, … のようになる．

$\sin^2 x$ の値は必ず区間 $[0, 1]$ の値だから，道理で，いつまで経っても，$n$ 回合成関数の値が $[0, 1]$ から外れないわけだ．

\*　　　　\*

さて，$r=4$ のときは，（2）より，$x_2 \neq a$, $x_3=a$ となるような初期値 $x_1=a$ は 2 つあるはずだ．このような $a$ の値は何なのだろう？

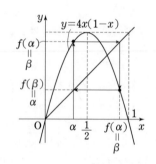

$$f(x)=4x(1-x)=y \quad \cdots\cdots ①$$

とおくと，$f(f(x))=x \Longleftrightarrow f(y)=x$

つまり，$x=4y(1-y) \cdots\cdots\cdots ②$

となり，$x \neq y$ を利用しながら，この

①，②の連立方程式を解くと，$x=\dfrac{5 \pm \sqrt{5}}{8}$ となる．

つまり，$\alpha=\dfrac{5-\sqrt{5}}{8}$, $\beta=\dfrac{5+\sqrt{5}}{8}$ とおけば，この 2 つの値が周期 2 で，数列 $\{x_n\}$ 中に交互に現れるわけだ．

この手の写像が扱われるときには，このように周期をもつ場合がテーマになることが多いのである．

128

## 4. フィボナッチ数列を逆から見ると

次は SLP（数学オリンピック候補問題）からの出題だが，おそろしい問題ではない．ちょっとしたアイデアが決め手になる．

---

**問題 4**

与えられた 2 以上の自然数 $n$ に対して，$a_0$，$a_1$，$a_2$，$\cdots$，$a_n$ は次の漸化不等式をみたす．

$$a_0 = 1, \quad a_i \leqq a_{i+1} + a_{i+2} \ (i = 0, 1, 2, \cdots, n-2),$$
$$a_i > 0 \ (i = 0, 1, \cdots, n-1), \quad a_n \geqq 0$$

このとき，$a_0 + a_1 + \cdots + a_n$ がとりうる最小の値を求めよ．　　（SLP・改）

---

もしも逆バージョンだったら…と考えてみる．

「$b_0 = 1$，$b_1 = 1$，$b_i + b_{i+1} \geqq b_{i+2}$（$i = 0, 1, 2, \cdots$）のとき，$b_0 + b_1 + \cdots + b_n$ がとりうる最大の値を求めよ．」

このような問題が出たら，多分みな迷いなく，「各 $b_{i+2}$ は，<u>なるべく大きくしたい</u>．不等式から考えればきっかり $b_i + b_{i+1}$ のときが最大だろう」と考えるだろう．このような $b_i$ の列は，$b_0 = 1$，$b_1 = 1$ からはじまり，

$$1, \ 1, \ 2, \ 3, \ 5, \ 8, \ 13, \ \cdots \ （左から順に f_1, f_2, \cdots \ とする）$$

と続くフィボナッチ数列だ．

そこで問題 4 を考えてみよう．$a_{i+1}$ や $a_{i+2}$ はなるべく小さくしていきたい．ひょっとすると，フィボナッチ数列の逆の流れをたどるのではないか…．

### 【解説】

$a_0$ の設定を問題 4 とは変えて，$a_0 = 13$ として設定してみる．また $n = 7$ としてみましょう．すると，

$$a_0 \leqq a_1 + a_2, \quad a_1 \leqq a_2 + a_3, \quad a_2 \leqq a_3 + a_4,$$
$$a_3 \leqq a_4 + a_5, \quad a_4 \leqq a_5 + a_6, \quad a_5 \leqq a_6 + a_7$$

を辺々足し，さらに両辺に $a_0 + a_1 - a_6$ を加えることで

$$2a_0 + a_1 - a_6 \leqq a_0 + a_1 + a_2 + a_3 + a_4 + a_5 + a_6 + a_7$$

となる．ここで左辺の $a_0$ の値は決まっているので，右辺を小さくするために，$a_1 - a_6$ をなるべく小さくしたい．

しかし，$a_1$ がわからない．

そこでとりあえず $a_1 = k$ とおき，<u>なるべく小さく方式で</u> $a_2$ 以下を決めて

みると，

$$a_2=a_0-a_1=13-k, \text{ 以下 } a_3=a_1-a_2=2k-13, \ a_4=26-3k,$$

$$a_5=5k-39, \ a_6=65-8k, \ a_7=13k-104$$

となる．$a_7 \geqq 0$ だから，$a_7=13k-104 \geqq 0$

よって，$k \geqq 8$ だ．このとき，$a_1-a_6$ は $9k-65 \geqq 7$ となり，

$$a_0+a_1+\cdots+a_7 \geqq 2a_0+a_1-a_6=13 \times 2+7=33$$

となる．

おや？　$k=8$ として，上の $a_0$, $a_1$, $\cdots$, $a_7$ を計算すると確かに（という
より当然だが）

$$13, \ 8, \ 5, \ 3, \ 2, \ 1, \ 1, \ 0$$

となる．やはりこれはフィボナッチ数列の'逆'じゃなかろうかということ
で，あとは帰納法で示そう．

$$* \qquad * \qquad *$$

示すべきことを $n=1$ にも拡張し，自然数 $n$ に対して「$a_0+a_1+\cdots+a_n$ の
とりうる最小値は，（$a_0=1$, $a_1=\dfrac{f_{n-1}}{f_n}$, $a_2=\dfrac{f_{n-2}}{f_n}$, $\cdots$, $a_{n-1}=\dfrac{f_1}{f_n}$, $a_n=0$
のときの）$\dfrac{f_1+f_2+\cdots+f_n}{f_n}=\dfrac{\boldsymbol{f_{n+2}-1}}{\boldsymbol{f_n}}$」$\cdots\cdots\cdots\cdots\cdots\cdots\cdots\cdots$★

と予想し，これを帰納法で示す（ちなみに $f_1+\cdots+f_n$ が $f_{n+2}-1$ であること
は，フィボナッチ数列の有名性質で帰納法で簡単に示せる）．

$n=1$, $2$ のとき成立はすぐ示せる．

ポイントは，漸化不等式が $3$ 項間であることに注意して，式を $2$ つ立てる
ことだ．

$n=k$, $k+1$ での成立を仮定して，$k+2$ の場合の成立を示そう．

$I_k=a_0+a_1+\cdots+a_k$ のようにおくと仮定より，

$$I_k \geqq \frac{f_{k+2}-1}{f_k} \ \cdots\cdots\cdots\cdots\text{①} \qquad I_{k+1} \geqq \frac{f_{k+3}-1}{f_{k+1}} \ \cdots\cdots\cdots\cdots\text{②}$$

そこで，

$$I_{k+2}=a_0+a_1\left(\frac{a_1}{a_1}+\frac{a_2}{a_1}+\cdots+\frac{a_{k+2}}{a_1}\right) \geqq a_0+a_1 \cdot \frac{f_{k+3}-1}{f_{k+1}}$$

$$I_{k+2}=a_0+a_1+a_2\left(\frac{a_2}{a_2}+\frac{a_3}{a_2}+\cdots+\frac{a_{k+2}}{a_2}\right) \geqq a_0+a_1+a_2 \cdot \frac{f_{k+2}-1}{f_k}$$

（ここで〜〜〜部は与えられた漸化不等式をみたし，初項が $1$ の数列，それぞ

れ $(k+2)$ 項と $(k+1)$ 項の和になっているので，帰納法の仮定②，①が使える）.

分母をそれぞれ払って，

$$f_{k+1}I_{k+2} \geqq f_{k+1} + (f_{k+3}-1)a_1 \quad \cdots\cdots\cdots\cdots\cdots\cdots\cdots\cdots\cdots ③$$

$$f_k I_{k+2} \geqq f_k + f_k a_1 + (f_{k+2}-1)a_2 = f_k + f_k(a_1+a_2) + (f_{k+2}-f_k-1)a_2$$

$$\geqq 2f_k + (f_{k+1}-1)a_2 \quad \cdots\cdots\cdots\cdots\cdots\cdots ④$$

$$(\because \quad a_1 + a_2 \geqq a_0 = 1, \quad f_{k+2}-f_k = f_{k+1})$$

$(f_{k+1}-1) \times ③ + (f_{k+3}-1) \times ④$ を作ると，

$$\{(f_{k+1}-1)f_{k+1} + f_k(f_{k+3}-1)\}I_{k+2}$$

$$\geqq (f_{k+1}-1)f_{k+1} + 2f_k(f_{k+3}-1) + (f_{k+1}-1)(f_{k+3}-1)(a_1+a_2)$$

$$\geqq (f_{k+1}{}^2 + f_k f_{k+3}) + f_k f_{k+3} - f_{k+1} - 2f_k + (f_{k+1}-1)(f_{k+3}-1)$$

（ここで $f_k f_{k+3} + f_{k+1}{}^2 = (f_{k+2}-f_{k+1})(f_{k+2}+f_{k+1}) + f_{k+1}{}^2 = f_{k+2}{}^2$ などに留意して計算すると）

$$f_{k+2}(f_{k+2}-1)I_{k+2} \geqq (f_{k+2}-1)(f_{k+4}-1) \qquad \therefore \quad I_{k+2} \geqq \frac{f_{k+4}-1}{f_{k+2}}$$

となり，$k+2$ のときの成立も O.K.

＊　　　　＊　　　　＊

最後のフィボナッチ数列の計算はやや面倒だ.

## 5. 慶應大出題の問を一般化すると

最後に，皆さんを挑発（!?）するための，挑戦問題を出題しよう．尤もヒントや「資料」もつけることにする.

次の問題は慶應大の入試問題を改作し，さらに一般化したもので，一筋縄ではいかない.

---

**問題5**

数列 $\{a_n\}$ に対して，$r$ 番目ごとに数を除去した数列を新たに作る操作を $R_r$ とする．また数列 $\{a_n\}$ に対して $S_n = \sum_{k=1}^{n} a_k$ とし，数列 $\{S_n\}$ を新たに作る操作を $S$ とする.

数列 $\{b_n\}$ （$b_1 = 1$, $b_i = 0 \ (i \geqq 2)$）に

$$R_k, \ S, \ R_{k-1}, \ S, \ R_{k-2}, \ S, \ \cdots, \ R_2, \ S$$

をこの順に適用して得られる数列の一般項 $a_n$ を求めよ.

---

ヒント：右に詳細な'実験'をつけた.

①は $\{b_n\}$ に $R_6$, $S$, $R_5$, $S$, …, $R_2$, $S$ を適用したもの．②は第2項目のみが1で他は0の数列に，同じ操作を適用したもの．以下同様に③，④，⑤は，第3，4，5項目のみが1で他は0の数列に同様の操作を適用したものだ．（答の予想は①から $n^{k-2}$）

一番下に残った数だけ書き出すと図1のようになるが，これは図2のようにも読みとれる．

この美しい関係に何か漸化式的関係をつけられないかと思って実験したのが⑥，⑦だ（1の隣が $-1$）．

図1
| 1 | 16 | 81 | 256 |
|---|----|----|-----|
| 0 | 8  | 54 | 192 |
| 0 | 4  | 36 | 144 |
| 0 | 2  | 24 | 108 |
| 0 | 1  | 16 | 81  |

図2
| $0^0 \times 1^4$ | $1^0 \times 2^4$ | $2^0 \times 3^4$ | $3^0 \times 4^4$ |
|---|---|---|---|
| $0^1 \times 1^3$ | $1^1 \times 2^3$ | $2^1 \times 3^3$ | $3^1 \times 4^3$ |
| $0^2 \times 1^2$ | $1^2 \times 2^2$ | $2^2 \times 3^2$ | $3^2 \times 4^2$ |
| $0^3 \times 1^1$ | $1^3 \times 2^1$ | $2^3 \times 3^1$ | $3^3 \times 4^1$ |
| $0^4 \times 1^0$ | $1^4 \times 2^0$ | $2^4 \times 3^0$ | $3^4 \times 4^0$ |

さて，解説は難しいが一応書いておこう．本問はきわめつきの難問なので，わからずとも悲観する必要は全くない．

【解説】

まず，以下に記号を導入しよう.

（記号の定義）

以下，数列 $f_{[m:t]}$（$m$, $t$ は自然数で $m>t$）と数列 $g_{[m:t]}$（$m$, $t$ は自然数で $m-1>t$）を次のように定義する．

**定義**：$f_{[m:t]}$ は第 $t$ 項目だけが1で他の項は0の数列に，操作 $R_m$, $S$, $R_{m-1}$, $S$, …, $R_2$, $S$ を順に適用して得られる数列とする．また $f_{[m:t]}(n)$ で，この数列の第 $n$ 項目を表すものとする．

$g_{[m:t]}$ は第 $t$ 項目が1で，第 $t+1$ 項目が $-1$ で，他の項は0の数列に，操作 $R_m$, $S$, $R_{m-1}$, $S$, …, $R_2$, $S$ を順に適用して得られる数列とする．また $g_{[m:t]}(n)$ で，この数列の第 $n$ 項目を表すものとする．

&ast; &ast; &ast;

具体的に分かりやすく解説するために，①～⑦の最後に残った数列を見ると，これらは順に，$f_{[6:1]}$, $f_{[6:2]}$, $f_{[6:3]}$, $f_{[6:4]}$, $f_{[6:5]}$, $g_{[6:1]}$, $g_{[6:2]}$ である．

&ast; &ast; &ast;

### ①

10000~~0~~000000~~0~~000000~~0~~ 00000~~0~~…
1111~~1~~ 1111~~1~~ 1111~~1~~ 1111~~1~~
123~~4~~ 567~~8~~ 91011~~12~~ 13141516
13~~6~~ 1117~~24~~ 3343~~54~~ 6781~~96~~
1~~4~~ 15~~32~~ 65~~108~~ 175~~256~~
1  16  81  256

### ②

01000~~0~~000000~~0~~000000~~0~~000000~~0~~…
0111~~1~~ 1111~~1~~ 1111~~1~~ 1111~~1~~
012~~3~~ 4567 8910~~11~~ 121314~~15~~
01~~3~~ 712~~18~~ 2635~~45~~ 5770~~84~~
0~~1~~ 8~~20~~ 46~~81~~ 138~~208~~
0  8  54  192

### ③

00100~~0~~000000~~0~~000000~~0~~000000~~0~~…
0011~~1~~ 1111~~1~~ 1111~~1~~ 1111~~1~~
0012~~?~~ 345~~6~~ 7891~~0~~ 111213~~14~~
001~~?~~ 48~~13~~ 2028~~37~~ 4860~~73~~
0~~0~~ 4~~12~~ 326~~0~~ 108~~168~~
0  4  36  144

### ④

00010~~0~~000000~~0~~000000~~0~~000000~~0~~…
0001~~1~~ 1111~~1~~ 1111~~1~~ 1111~~1~~
000~~1~~ 234~~5~~ 6789~~?~~ 101112~~13~~
00~~0~~ 25~~9~~ 1522~~30~~ 4051~~63~~
0~~0~~ 2~~7~~ 22~~44~~ 84~~135~~
0  2  24  108

### ⑤

00001~~0~~000000~~0~~000000~~0~~000000~~0~~…
0000~~1~~ 1111~~1~~ 1111~~1~~ 1111~~1~~
000~~0~~ 123~~4~~ 567~~8~~ 91011~~12~~
00~~0~~ 13~~6~~ 1117~~24~~ 3343~~54~~
0~~0~~ 1~~4~~ 15~~32~~ 65~~108~~
0  1  16  81

### ⑥

1−1000~~0~~000000~~0~~000000~~0~~000000~~0~~…
1000~~0~~ 0000~~0~~ 0000~~0~~ 0000~~0~~
111~~1~~ 111~~1~~ 111~~1~~ 111~~1~~
12~~3~~ 45~~6~~ 78~~9~~ 101112~~?~~
1~~3~~ 7~~12~~ 19~~27~~ 37~~48~~
1  8  27  64

### ⑦

01−100~~0~~000000~~0~~000000~~0~~000000~~0~~…
0100~~0~~ 0000~~0~~ 0000~~0~~ 0000~~0~~
011~~1~~ 111~~1~~ 111~~1~~ 111~~1~~
01~~2~~ 34~~5~~ 67~~8~~ 910~~11~~
0~~1~~ 4~~8~~ 14~~21~~ 30~~40~~
0  4  18  48
   ‖   ‖   ‖
   $2^2$  $2\times3^2$  $3\times4^2$

さて，次に大まかな方針を説明しよう．

$f_{[6:1]}$ の一般項は $f_{[6:1]}(n)=n^4$ となっている．これから予想するに，問題の答えの数列の一般項 $f_{[k:1]}(n)$（$k \geq 3$）は，$f_{[k:1]}(n)=n^{k-2}$ ……⑦ と推定される．この⑦の式を導くことが目標だ．

ただ，実はこれだけを単独に証明するのは難しいので，①〜⑤の結果である図2を見ると，

$$f_{[k:t]}(n)=(n-1)^{t-1}n^{k-t-1} \cdots\cdots\cdots\cdots\cdots\cdots\cdots\cdots\cdots\cdots\cdots ①$$

が予想される．①で $t=1$ とした特別な場合が⑦なので，ここでは①を示すことにしよう（そうなれば⑦も示されたことになる）．

＊　　　　＊　　　　＊

最後の準備をしよう．①〜⑦の実験を自分でも手作業でやりながら途中経過を考えてほしい．すぐにわかることがいくつかある．

[事実1] $f_{[k:1]}(1)=1$, $f_{[k:t]}(1)=0$（$t=2$, $3$, $\cdots$, $k-1$）である．これは手作業すればすぐわかる．

[事実2] $f_{[k:1]}(n)=f_{[k:k-1]}(n+1)$

これは，$f_{[6:1]}$ と $f_{[6:5]}$ の2段目同士を注意深くくらべて，同じ構造となっているところをさがし，これを一般化しようと考えればわかる．

[事実3] $g_{[k:t]}$ は $f_{[k:t]}$ と $-f_{[k:t+1]}$ を同じ順番の項ごとに足しあわせたものであり，さらに⑥，⑦の2段目の構造を考えると，これは $f_{[k-1:t]}$ でもある．

よって，$f_{[k:t]}(n)-f_{[k:t+1]}(n)=f_{[k-1:t]}(n)$ であるが，これを変形して，

$$f_{[k:t]}(n)=f_{[k:t+1]}(n)+f_{[k-1:t]}(n) \cdots\cdots\cdots\cdots\cdots\cdots\cdots\cdots ⑦$$

以上で準備は整ったので，仕上げにかかろう．

＊　　　　＊　　　　＊

[仕上げ]

事実1〜事実3と，$k$ に関する数学的帰納法を用いて，①を示す．

まず，$k=3$ の場合は，作業すると確かに成立していることがわかる（$f_{[3:1]}(n)=n$, $f_{[3:2]}(n)=n-1$）．

さて，$k$ の場合の成立を仮定して，$k+1$ の場合の成立を示そう．

＊　　　　＊　　　　＊

図3を見てほしい．これを示したいのだが，

I．まず $n=1$ の場合は [事実1] より O.K.

II．次に [事実2] より，$f_{[k+1:k]}(2)=f_{[k+1:1]}(1)=1^{k-1}\times2^0$ も正しい．

Ⅲ．更に，仮に $f_{[k+1\,:\,t]}(n)=(n-1)^{t-1}n^{k-t}$ が示されれば，㋒（ただし，$k$⇨$k+1$，$t$⇨$t-1$ として適用する）と帰納法の仮定を用いて，

$$\begin{aligned}f_{[k+1\,:\,t-1]}(n)&=f_{[k+1\,:\,t]}(n)+f_{[k\,:\,t-1]}(n)\\&=(n-1)^{t-1}n^{k-t}+(n-1)^{t-2}n^{k-t}\\&=(n-1)^{t-2}n^{k-t+1}\end{aligned}$$

となり，$f_{[k+1\,:\,t-1]}(n)$ についても㋑の成立がいえる．

Ⅳ．そこで，$f_{[k+1\,:\,k]}(2)=1^{k-1}\times 2^0$ からはじめて，まずⅢを $k-1$ 回適用して $f_{[k+1\,:\,1]}(2)=1^0\times 2^{k-1}(=2^{k-1})$ をいい，次に［事実 2］を用いて $f_{[k+1\,:\,k]}(3)=f_{[k+1\,:\,1]}(2)=2^{k-1}\times 3^0$ をいい，またⅢを $k-1$ 回適用して $f_{[k+1\,:\,1]}(3)=3^{k-1}$ をいい，次に［事実 2］を用いて $f_{[k+1\,:\,k]}(4)=3^{k-1}\times 4^0$ をいい，… と順に繰り返すことによって，㋑は $k+1$ の場合も成立する．

以上から（図 3 の矢印の順にたどるわけ），㋑が $t$ 一般について示されたので，㋐もまた示されたことになる．（以上大変変則的な帰納法でした）

図 3

| $n$ | 1 | 2 | 3 | 4 | 5 | ……… |
|---|---|---|---|---|---|---|
| $f_{[k+1:1]}$ | $0^0\times 1^{k-1}$ | $1^0\times 2^{k-1}$ | $2^0\times 3^{k-1}$ | $3^0\times 4^{k-1}$ | $4^0\times 5^{k-1}$ | ……… |
| $f_{[k+1:2]}$ | $0^1\times 1^{k-2}$ | $1^1\times 2^{k-2}$ | $2^1\times 3^{k-2}$ | $3^1\times 4^{k-2}$ | $4^1\times 5^{k-2}$ | ……… |
| $f_{[k+1:3]}$ | $0^2\times 1^{k-3}$ | $1^2\times 2^{k-3}$ | $2^2\times 3^{k-3}$ | $3^2\times 4^{k-3}$ | $4^2\times 5^{k-3}$ | ……… |
| ⋮ | ⋮ | ⇧ ⋮ ⇧ | ⇧ ⋮ ⇧ | ⇧ ⋮ ⇧ | ⇧ ⋮ ⇧ | |
| $f_{[k+1:k]}$ | $0^{k-1}\times 1^0$ | $1^{k-1}\times 2^0$ | $2^{k-1}\times 3^0$ | $3^{k-1}\times 4^0$ | $4^{k-1}\times 5^0$ | ……… |

（整数の 0 乗はすべて 1 とする）

# あとがき

最近いろいろな場面で,「すぐに役立つ」ということがほとんどの価値を決めていると痛感し,首を傾げます.

もちろん役に立つのはよいことなのでしょうが,ちょいと腑に落ちないものも感じるのです.

体に譬えれば,受験勉強で即効性のある学習をするとは,薬を飲むようなもので,これは確かにある程度効きます.だから私もそれを全面的に否定する訳ではありません.

しかし,元になる体がしっかりとしていなければ,いつかは薬漬けとなり,薬を飲まなければ何もできなくなってしまうように,受験勉強もあまり「お役立ち系」のものばかりやっていると,「親切に教えてもらわないと何もできない」ということになりそうな気がしてしまうのです.

「成功するやり方」をたくさん聞くよりも,自ら挑戦して,失敗の中から学んでいった方が本当の応用力はつくもの.

もちろん入試に充てられる時間は限られていますからすべてを自力でやりきるわけにはいかないのですが,この頃の入試学習はあまりに「即効性」に重きを置きすぎて,バランスを欠き,「大学への数学」ではなく,「入試で終わる数学」をやっているような気がしてなりません.

以上はもちろん,ひねくれた老人のボヤキと思ってもらって一向にかまわないのですが,本書を手にする若い皆さんは,これは「受かるための薬」ではなく,「体を鍛えるための運動だ」と思って,本書を通じてたくましさのようなものを身につけてもらいたいと思っています.

最後になりますが,本書の執筆をさせて下さった東京出版の黒木美左雄社長,編集をして下さった飯島さん,坪田さんにこの場を借りて感謝したいと思います.

## 難関大入試数学・数列の難問とその周辺

令和 3 年 4 月 5 日　　第 1 版第 1 刷発行
令和 5 年 11 月 10 日　　第 1 版第 2 刷発行

定価はカバーに表示してあります.

著　者　栗田哲也
発行者　黒木憲太郎
発行所　株式会社　東京出版
　　　　〒150-0012　東京都渋谷区広尾 3-12-7
　　　　電話 03-3407-3387　振替 00160-7-5286
　　　　https://www.tokyo-s.jp/
整版所　錦美堂整版株式会社
印刷所　株式会社光陽メディア
製本所　株式会社技秀堂製本部
　　　　落丁・乱丁本がございましたら,送料小社負担にてお取替えいたします.

©Tetsuya Kurita 2021 Printed in Japan
ISBN978-4-88742-253-7